Python编程基础与自动化测试

/ 茅雪涛　阿　奎　编著 /

電子工業出版社
Publishing House of Electronics Industry
北京 · BEIJING

内 容 简 介

本书主要讲解 Python 编程基础知识，以及基于 Python 的自动化测试知识和实践。特别结合自动化测试工作的实际场景，从单元测试、接口测试、UI 测试三个层级，向读者讲述 Python 的相关知识和测试技巧。这些内容主要关注 Python 语言的基础知识的学习和掌握，对于每一名希望快速掌握一门计算机语言的学习者都是适用的。

本书关注学习，重视练习，学练结合，每个章节分为多个主题，这些主题又可分为前后两部分，前半部分会对知识点进行详细的介绍，后半部分需要读者边阅读边练习，在练习中检验学习的成果。创新的“闯关式”学习方法，可以让读者通过实践快速掌握 Python 编程和自动化测试方法。随书附超值的《跟阿奎学 Python 编程基础》在线视频课程，以及包含书中实例源代码等丰富学习资源的电子资源包。

本书适合所有对 Python 语言和测试感兴趣的软件开发人员、测试人员，也适合高校计算机专业学生补充学习、扩充视野。

图书在版编目（CIP）数据

Python 编程基础与自动化测试 / 茅雪涛，于洪奎编著．—北京：电子工业出版社，2022.3

ISBN 978-7-121-42970-5

Ⅰ.①P… Ⅱ.①茅… ②于… Ⅲ.①软件工具—程序设计②软件工具—自动检测 Ⅳ.①TP311.561

中国版本图书馆 CIP 数据核字(2022)第 028293 号

责任编辑：张瑞喜

印　　刷：中国电影出版社印刷厂

装　　订：中国电影出版社印刷厂

出版发行：电子工业出版社

北京市海淀区万寿路 173 信箱　邮编：100036

开　　本：710 × 1000　1/16　印张：17　字数：304 千字

版　　次：2022 年 3 月第 1 版

印　　次：2022 年 3 月第 1 次印刷

定　　价：69.00 元

凡所购买电子工业出版社图书有缺损问题，请向购买书店调换。若书店售缺，请与本社发行部联系，联系及邮购电话：（010）88254888，88258888。

质量投诉请发邮件至 zlts@phei.com.cn，盗版侵权举报请发邮件至 dbqq@phei.com.cn。

本书咨询联系方式：zhangruixi@phei.com.cn。

前　　言

初心

我们在从事敏捷开发实践和推广过程中，接触到很多从事迭代内测试和功能测试的测试人员。通过交流，我们逐渐意识到：自动化测试对敏捷开发和质量保障意义重大，但推动特别困难，在实际工作中仍有很大比例依然在执行烦琐的手工测试。为此我们询问了很多测试工程师，发现其主要原因是他们对待编程语言的学习“畏之如虎，行之不远”。由此，我们产生了“为希望转型成为自动化测试工程师的软件测试从业者提供一本靠谱的编程语言学习指导书”的想法。这也是《Python编程基础与HTTP接口测试》一书出版的初心，该书由阿奎编写。

随着技术的更新，我们吸纳了很多热心读者的反馈和建议，再次动笔编写了《Python编程基础与自动化测试》。这本书是对《Python编程基础与HTTP接口测试》的修订和升级，我们对原书做了大量的更新和增补工作，并特别增加了UI测试部分。

对于希望从事自动化测试工作或者希望掌握自动化测试技能的人士，掌握一门计算机语言是绕不过去的一个“坎”，我们要和大家一起迈过这个“坎”。希望本书能不负使命，成为适合广大测试人员的得力工具。

如何阅读本书

本书分为六个部分十三章，主要包含两方面的内容：Python编程基础和基于Python的自动化测试。

第一部分和第二部分，主要讲解Python编程基础知识。这些内容主要关注Python语言的基础知识的学习和掌握，对于每一名希望快速掌握一门计算机语言的学习者都是适用的。

第三部分到第六部分，讲解基于Python的自动化测试知识和实践。本书重点面向希望转型为自动化测试工程师的软件测试从业者，基于自动化分层测试理论，从单元测试、接口测试、UI测试三个层级，向读者讲述Python的相关知识和测试技巧。

本书以“闯关式”学习的方法为指导进行编写，让读者通过一个一个小的关卡的刻意练习，在不知不觉中掌握“Python编程基础”和“基于Python的自动化测试”的相关技能，完成从手工测试工程师到自动化测试工程师的蜕变。

“闯关式”学习

所谓“闯关式”学习，通俗地讲，就是通过刻意地练习，打通一个一个的练习关卡来进行自我提升和学习的方法。

我们一直认为，学习软件开发、测试技能，和学习骑自行车、游泳一样，是一项技能的修炼，而非仅仅是知识或者概念的了解和掌握。要习得一项技能需要刻意地练习。

编程作为一门技艺，是可以习得的，习得是有方法的！这本书为愿意学习的读者提供了习得编程技艺的方法，就是“闯关式”学习。

当然，没有任何有效的学习和精进过程是不需要付出努力的。

所以，这是一本针对Python编程基础和自动化测试技能，进行刻意练习的学习指南，而不是一本可以靠在沙发上随意阅读的消遣书。

本书提供了部分案例的源代码、阿奎老师主讲的Python编程视频课程，以及与本书内容相关的线上学习资源，读者通过附录可以了解获取方式。

为保持与程序一致，本书中对程序和正文中出现的变量均使用正体。

“学习之路，挖坑容易挖井难”，祝大家利用这本精心打造的“闯关之书”，挖出属于自己的“Python之井”并开启自动化测试的探索之路。

茅雪涛、阿奎（于洪奎）

《跟阿奎学 Python 编程基础》视频课程简介

由本书作者阿奎老师录制的《跟阿奎学Python编程基础》视频课程，更加直观细致地讲解如何用Python编程，这些内容也与本书Python编程基础部分的内容紧密相关，并对书中的部分挑战问题如何解决给出了视频讲解。希望读者在反复练习之后再观看视频，以达到更好的学习效果。

用微信扫描视频课程名称左侧的二维码，即可在线观看相应的视频课程。

第一课（上）我的第一支Python程序：第一声问候

第一课（下）我的第一支Python程序：小青，你几岁了

第二课（上） 运算符和逻辑很重要：我会做加法

第二课（下）运算符和逻辑很重要：这是奇数还是偶数

第三课（上）再论逻辑运算：我会做加法

第三课（中）再论逻辑运算：我们三个谁最大与FizzBuzz

第三课（下）再论逻辑运算：FizzBuzz

第四课（上）：建造星星塔（1）

第四课（下）：建造星星塔（2）

第五课（上）：函数是枝叶（1）

第五课（下）：函数是枝叶（2）

第六课（上）：模块是枝干（1）

第六课（下）：模块是枝干（2）

第七课（上）：面向对象是另一种看待世界的视角（1）

第七课（下）：面向对象是另一种看待世界的视角（2）

第八课（上）：终端带来即时交互（1）

第八课（下）：终端带来即时交互（2）

第九课（上）：文件适用于批量交互（1）

第九课（下）：文件适用于批量交互（2）

第十课（上）：处理异常不要崩溃（1）

第十课（下）：处理异常不要崩溃（2）

感　谢

本书是2017年出版的《Python编程基础与HTTP接口测试》一书的升级版。在编写过程中，我们得到了公司同事和互联网学习小组的大力支持。

我们身边有很多非常喜欢学习新技术的同事，他们有的从事开发，有的从事测试，有的甚至是管理人员。在《Python编程基础与HTTP接口测试》出版前后，我们组织了一个利用业余时间的学习小组（测试融合训练营），有很多人非常积极地参与。非常感谢我们的同事白雪、史丽珍、关晓康、张培、刘会琴、于国双、农倩倩、胡江海，他们是《Python编程基础与HTTP接口测试》的第一批读者，在这一过程中他们给出了很多有益的反馈。

在《Python编程基础与HTTP接口测试》一书出版时，我们还同步创立了一个来自互联网的学习小组（用Python做HTTP接口测试学习班）。感谢杨艳艳、高园园、CJoy、王芳、汤濮瑜、海底小鱼等小组成员的热情参与和学习过程中的积极反馈。

感谢我们部门的敏捷教练们在本书编写过程中给予我们的支持，特别感谢张明子、白雪、张鹤给予我们灵感，并帮助我们一起整理思路。

感谢电子工业出版社编辑张瑞喜老师的精心策划和指导。《Python编程基础与HTTP接口测试》一书荣获2017年全国首届出版融合技术·编辑创新大赛年度大奖，本次升级版的编写也根据张老师的建议进行了多次修改和调整。

最后，要感谢我们的家人。书稿编写的过程甘苦自知，在本次升级版的编写过程中，我们做了大量工作。特别感谢茅雪涛的母亲和太太，是她们的默默守候，温暖了本书成稿的无数日日夜夜。

茅雪涛、阿奎（于洪奎）

目　　录

第一部分　初识与初心

第一章　Python正流行

1.1　语言排行榜与技术雷达

Python语言的流行是有目共睹的，从一些编程语言排行榜和技术雷达中就可以得到实际的认证。

TIOBE 编程语言社区排行榜

TIOBE公司成立于2000年10月1日，由瑞士的Synspace公司和一些独立的投资人创建。TIOBE公司主要关注软件质量的评估。

TIOBE编程语言社区排行榜是编程语言流行趋势的一个重要指标，每月都会更新，这份排行榜基于互联网上有经验的程序员、课程和第三方厂商的数量，是一个反映编程语言热门程度的编程语言流行趋势指标。

2021年10月，在TIOBE排行榜中，Python已经连续多个月超过C++、JAVA和C语言，荣升第一，如图1.1所示。

Oct 2021	Oct 2020	Change	Programming Language	Ratings	Change
1	3	^	Python	11.27%	-0.00%
2	1	˅	C	11.16%	-5.79%
3	2	˅	Java	10.46%	-2.11%
4	4		C++	7.50%	+0.57%
5	5		C#	5.26%	+1.10%
6	6		Visual Basic	5.24%	+1.27%
7	7		JavaScript	2.19%	+0.05%
8	10	^	SQL	2.17%	+0.61%

图 1.1

Oct 2021：2021年10月；Oct 2020：2020年10月；Change：变化；Programming Language：编程语言；Ratings：占比；Change：变化

技术雷达

技术雷达是ThoughtWorks公司以雷达图的独特形式记录其技术顾问委员会关于对行业有重大影响的技术趋势的讨论结果。雷达图分为四个象限和四个环，四个象限分别是：技术、平台、工具以及语言和框架；四个环分别是：采用、试验、评估以及暂缓。

ThoughtWorks公司在每年都会出品两期技术雷达，它不仅涉及新技术大趋势，比如云平台和大数据，更有细致到类库和工具的推介和评论。

在技术雷达《Technology Rada Vol.16》中专门对Python的流行进行了以下说明。

“作为一门易用的通用编程语言，Python在数学和科学编程领域具有坚实的基础，这使得它一直以来都为草根阶层的学术研究社区所采用。”

“根据我们在机器学习和Web应用开发这样的领域中使用Python3的经验显示，语言本身以及大多数支持库都已经成熟到可以采用的程度。”

“如果你在使用Python做开发，我们强烈鼓励你使用Python3。”

本书作者一直是Python3的坚定拥护者。相对于Python2，Python3更加规范，更易于学习和使用，如果实际使用过程中遇到需要依赖Python2的第三方库情况（现在很多第三方库都支持Python3了），完全可以自行进行一些修复和升级的工作。

综合以上信息，我们可以看到：

- Python的流行是有目共睹的。
- 选择Python作为一门新的学习语言进行学习，绝对是明智的选择。
- 要学习Python，请选择Python3的最新版本。

1.2 Python之禅

在Python的交互式解释器中输入import this就会显示Tim Peters的The Zen of Python，即Python之禅。

Python之禅，体现了Python这门语言的设计哲学，其中的很多观点对于日常的编程也是很有指导意义的，参考中文译文如下。

Python 之禅

蒂姆·彼得斯

优美胜过丑陋。

显式胜过隐式。

简单胜过复杂。

复杂胜过繁复。

串行胜过嵌套。

稀疏胜过稠密。

可读性很重要。

虽然理想很丰满，现实很骨感，

但是所谓特例并不足以打破上面的这些规则。

所有错误都不应该被直接忽略，

除非在能够被精确地捕获之后。

当面对不明确的情况时，要拒绝去猜测的诱惑。

应该有一种，最好是唯一一种，显而易见的解决方案。

尽管起初，那种解决方案可能并不是那么显而易见，因为你不是Python之父。

现在行动胜过永不开始。

尽管，永不开始经常好过冲动的开始。

如果你的实现难于向别人解释，这往往不是个好主意。

如果你的实现很容易向别人解释，这可能是个好主意。

命名空间是一个令人激动的伟大想法，让我们将它发扬光大。

1.3 无所不能的Python

Python语言的流行得益于其应用的广泛性。

基于Python的产品很多。在系统管理方面，有Fabric、Ansible、SaltStack等流行的配置管理工具；在系统开发工具方面有大名鼎鼎的版本管理工具Mercurial；在Web开发方面有Django、Flask等Web框架，著名的Youtube、Dropbox，以及国内的豆瓣网等产品。

在最近大热的人工智能、大数据、云计算等新技术领域，Python更是应用广泛。深度学习框架TensorFlow、数据分析方面的程序库Pandas、私有云搭建不二选择的OpenStack都是使用Python语言开发的。

在科学计算领域，一直以来都是Matlab、Pascal和Fortran等语言的天下。现在，Python语言在科学计算领域的应用也非常广泛，用于数学计算的基础库SciPy、NumPy及机器学习方面的Scikit-learn都是很好的代表。

Python在影视制作方面也有广泛的应用，最著名的3D内容创建应用程序Maya，就支持通过Python样式的脚本进行动画编程。

在软件测试领域，著名的功能自动化测试框架RobotFramework也是使用Python编写的。

第二章　初识自动化测试

2.1　自动化测试的场景和特点

自动化测试，简单来说就是将软件测试工作由手工变成自动化执行。从理论上讲，所有软件测试工作都应该开展自动化测试方面的改造。能够自动开展软件测试工作自然是再好不过的事情。但事实并非如此，纵观整个软件测试行业的现状，手工测试依然在实施工作中占据了很大的比例。

相比手工测试，自动化测试有以下的适应场景和特点。

（1）自动化测试案例可以低成本、快速地反复运行。

对于需要反复进行手工验证的场景，我们可以开展自动化测试方面的改造，从而达到有效地节省成本，缩短验证的周期的效果。在瀑布模型的软件开发生命周期中，功能测试阶段后期的回归测试，就是适用于自动化测试的一个典型应用场景。

自动化测试案例的编写和维护成本较高。自动化测试案例的编写需要测试开发人员掌握一些工具的使用技能，还需要具备一定的编程技能，这就导致自动化测试案例的编写和维护的成本较高。如果一个案例只需要运行很少的次数，自动化测试改造的性价比就不高，比如对于一个临时性功能（上线后，短期启用后就会下线）的测试，这种场景就不适合大量开展自动化测试。

（2）自动化测试可以做手工做不了、不好做的测试。

手工测试在实际开发的很多场景中并不擅长，这正是自动化测试发挥威力的时候。典型的场景有：

- 接口级别的测试。
- 一些特殊的输入数据（比如不可见的字符，或者二进制数据）的测试。
- 输入数据和输出数据的校验较多（比如针对报表的测试）。

（3）自动化测试不能彻底替代手工测试。

虽然自动化测试相对于手工测试存在着诸多的优点，但是，自动化测试并不能完全替代手工测试，因为手工测试作为一种测试方法，并不会消失。

自动化测试并不能彻底替代手工测试，但是，自动化测试作为一种高效、快速和对测试人员要求更高的软件测试方法，已经被各个行业的软件开发组织所采纳。对于以从事手工测试为主的软件测试人员来说，掌握自动化测试的相关技术已经成为一种基本的技能要求。

2.2　自动化测试的类型

说到自动化测试的类型，不得不提到测试金字塔的模型。

测试金字塔是由Mike Cohn提出的一个概念，在他的《Scrum敏捷软件开发》一书中有详细的描述。测试金字塔的一个重要论断是：相对于高层次的自动化测试，如通过用户界面进行的端到端的测试，你应该更多地编写低层次的自动化测试，如单元测试。

测试金字塔如图2.1所示。

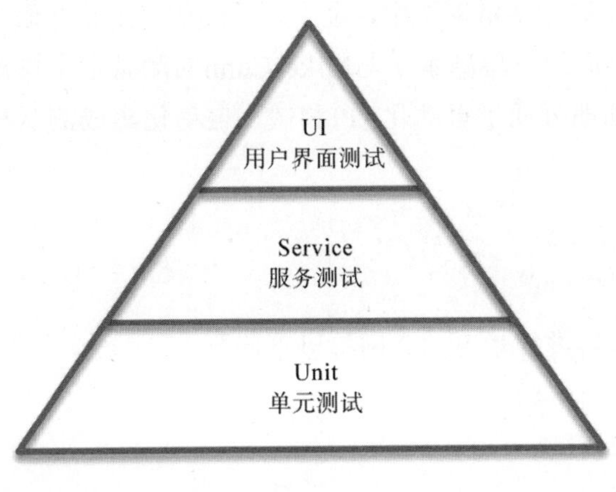

图 2.1

测试金字塔模型主要聚焦于自动化测试的验证层次，以及自动化案例编写和资源投入的程度。它指导我们如何将精力在各个验证层次之间合理分布。

一个更细化的测试金字塔的模型来自Alister Scott。他在2012年发表的一篇文章*Introducing the software testing ice-cream cone (anti-pattern)*中对测试金字塔进行了更为细致的分层，如图2.2所示。

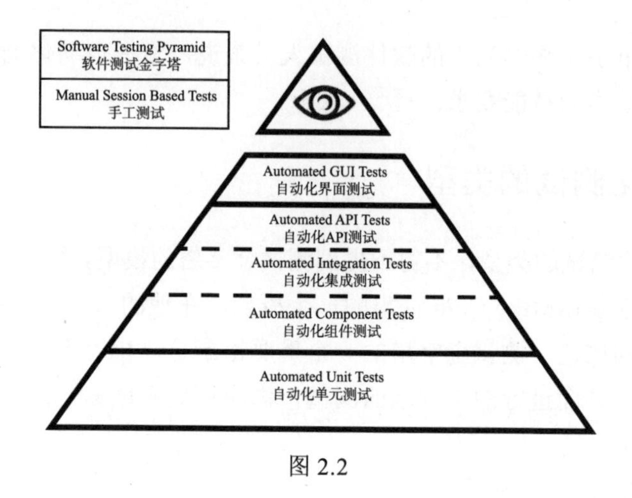

图 2.2

在Alister Scott的金字塔模型中，金字塔顶端的“上帝之眼”用来代表基于人工会话的测试，下面的三层基本上与Mike Cohn的测试金字塔模型相似。只不过Service层被更详细地分成了自动化API测试、自动化集成测试和自动化组件测试三个部分。

小练习

请自行查找资料进行学习，并回答以下问题：

1．单元测试是什么？

2．集成测试是什么？

3．GUI是什么？

4．集成测试和组件测试的区别是什么？

5．在以下的自动化测试中，（　）应该运行的最快。

A. 单元测试　B. 组件测试　C. 集成测试　D. GUI测试

6．在以下的自动化测试中，（　）的测试案例应该投入最大，案例写得最多？

A. 单元测试　B. 组件测试　C. 集成测试　D. GUI测试

2.3 自动化测试到底要学什么

很多从事手工测试的从业者提起学习自动化测试都感觉比较茫然，感觉有太多的知识、工具和技能要学习。要完全掌握自动化测试技能并不容易，不过对于初学者来说，最基本和基础的内容逃不出下面的“四加二”。

- “四”是：计算机基础、计算机网络、一个操作系统（Linux）、一个数据库（MySQL）。
- “二”是：编程语言（Python）和英语基础。

（1）计算机基础。

计算机基础是一名软件测试工程师（简称测试工程师）的基本功，其中包含了对计算机的最基本的认识和理解。这方面的知识本书不做太多讲述。

（2）计算机网络。

计算机网络方面的知识非常繁杂。测试工程师并不需要掌握所有的网络知识，但是，要掌握网络基本知识，对IP、端口、域名、网络协议、网关、代理、局域网和广域网等基本概念要能够区分清楚，并能用自己的话表达明白。

（3）操作系统——Linux。

软件测试需要熟悉一个操作系统。这里推荐Linux，因为现在很多互联网公司都使用Linux操作系统部署产品。测试工程师会一点Linux知识就可以自己查看日志，甚至自己部署。对于初学者，建议熟悉Linux系统Shell的基本操作即可，比如创建、复制、删除文件和目录、查看文本文件、运行程序。

（4）数据库——MySQL。

测试工程师要熟悉数据库知识，建议初学者从MySQL数据库开始。作为测试工程师，熟悉这个目前在互联网公司中普遍采用的开源数据库，对你后续的测试工作将大有裨益。

MySQL数据库包含的内容也很多，建议优先学习通过终端进行表的增、删、改、查，有余力可以再看看建库、建表。至于安装、权限管理、备份运维等，测试工程师一般用不上。

对于知识点的学习，我们应该有一个开放好学的心态。艺不压身，如果觉得自己掌握某一项技能对于自己和团队的工作会有帮助，就应该尝试去学习。

（5）编程语言——Python。

如前所述，很多测试框架都是用Python编写的，相较于其他编程语言，测试工程师在实际工作中也更有可能用到Python语言。

（6）英语基础。

毋庸置疑，英语是世界上使用最广泛的语言之一，几乎所有软件开发语言都以英文单词为载体。那么作为IT行业的从业者，到底需不需要掌握英语呢？答案是肯定的。任何时候都不能放弃学习英语，甚至应该花更多的时间和精力去学好英语，以便在IT行业有更好的发展前景。

掌握英语，你可以翻阅IT领域内先进的原文文献，获取更多的知识、经验。本书在讲述中特别保留了一些资料中的英文词汇，希望你在阅读的过程中能够互相参照，在Python编程和自动化测试技能提升的同时，也在英语学习上有所收益。

第三章　测试工程师的自动化测试转型

3.1　“点点点”，测试工程师的困惑

“点点点”是很多测试工程师的工作常态。那么测试工程师到底应不应该学习自动化测试技能，手工测试会不会被淘汰？

针对这个问题，我们的观点是：

不会，淘汰的不是方法，是人。仅仅会手工测试的人会比较危险。

当前有一种论调，即所有的手工测试都应该被自动化测试所取代，手工测试俨然成了落后的代名词。这是一种非常极端的认知。手工测试作为一种测试方法，是具有其特殊的优势和应用场景的，并不是所有的测试都可以被自动化，也并不是所有的测试在实施测试自动化升级后都会带来效益和效率的提升。

对于软件开发和交付的企业来说，最看重的是自动化测试投入后产生的效果，也就是在自动化测试上的投入要能够产出更大的收益。一味地将所有的手工测试都变成自动化测试，显然是盲目的。

作为一名测试工程师，在思考测试技术时，关注的不应该仅仅是方法，而更应该关注目的和意义。测试工程师作为产品交付团队的一员，其重要的职责是与团队一起高效地保证产品的交付质量。当前，自动化测试技术爆发式的流行是毋庸置疑的，其深层次的原因在于，自动化测试的确可以为产品质量提升带来切实的帮助。所以测试工程师作为产品交付团队的一员，为了更大地发挥自身的价值，就应该掌握自动化测试的相关技能，并将其作为提升自身职业素养和追求职业发展的必然选择。

我们要强调的是，作为一名测试工程师，如果你希望在软件测试领域有所发展，不必纠结于手工测试会不会被淘汰，应该毫不犹豫地去学习自动化测试的相关技能，提升自身的职业素养。

3.2　摆脱“点点点”从哪里开始

在2.3节中我们讲过，“四加二”是测试工程师的基本功。那么作为一名测试工程师，应该从哪里开始学习自动化测试呢？

我们针对已知的十几项自动化测试技能，制作了调查问卷如表3.1所示。

表 3.1

领　域	主　题	子　项
理论知识	自动化测试理论	自动化测试的意义与局限
		测试金字塔
		测试四象限
	网络基础	基本概念：网络协议、IP地址、端口、子网、网关、代理
		HTTP/HTTPS、Restful、FTP
		XML、JSON、Ajax
通用操作技能	Linux操作系统	命令行操作
		VI使用
	MySQL数据库	SQL操作
		通过客户端查看和维护数据
	正则表达式	
专用测试的工具	Selenium、WebDriver	
	Firefox、Chrome 浏览器查看看Web网络报文	
	RobotFramework	
	Cucumber	
	Appium	
	QTP	
	Postman	
	Watri	
语言	Python	
	Javascript	
	HTML/CSS	
	Shell	
	Ruby	
	VBScript	

请参与调查的上百名测试工程师回答以下问题：

“您认为从手工测试到自动化测试最迫切需要学习的是表中的哪三项？”

得到的结果如表3.2所示。

表 3.2

内　容	获得投票数占比
Python	23%
自动化测试理论	15%
网络协议	11%
RobotFramework/Selenium	9%
LoadRunner 和 HTML/CSS	各自占比 8%

从这个调查结果可以看出，Python、自动化测试理论、网络协议获得的投票占比合计超过49%。

学习和掌握用Python开展自动化测试，可以作为从手工测试工程师向自动化测试工程师转型的切入点，主要有以下优点。

（1）可以掌握Python编程语言，为后续从事更高级的测试开发方面的工作打下坚实的基础。

（2）可以了解测试基础知识和接口测试协议等，为后续测试技术转型升级提供基础。

（3）为日后学习自动化测试框架打下坚实的基础。

第二部分 认识 Python

第四章　我来了

4.1　第一声问候

学习目标

安装Python语言环境和编辑器集成环境，编写并运行第一个Python程序。

知识准备

Python是一种面向对象的解释型计算机程序设计语言，具有运行速度快、容易上手、开放、跨平台等特点。无论是第一次学习编程还是已经熟悉其它变成语言，Python都很容易掌握。目前Python最新可用版本是3.11，建议大家通过Python官网网址下载，定期更新版本。

Python官网地址：https://www.python.org/

PyCharm

PyCharm是由JetBrains打造的一款Python IDE，包含一整套可以提高开发者工作效率的工具，比如调试、语法高亮、Project管理、代码跳转、智能提示、自动完成、单元测试、版本控制。此外，该IDE提供了一些高级功能，用于支持Django框架下的专业Web开发。

PyCharm是一个很好的Python集成开发工具，本书后面的案例都会以此作为开发工具。

下载地址：https://www.jetbrains.com/pycharm/download/

进入网站后，根据不同的操作系统选择对应的下载链接。

Windows用户请选择图中Windows对应的Tab页，单击Download按钮进行下载并安装，如图4.1所示。

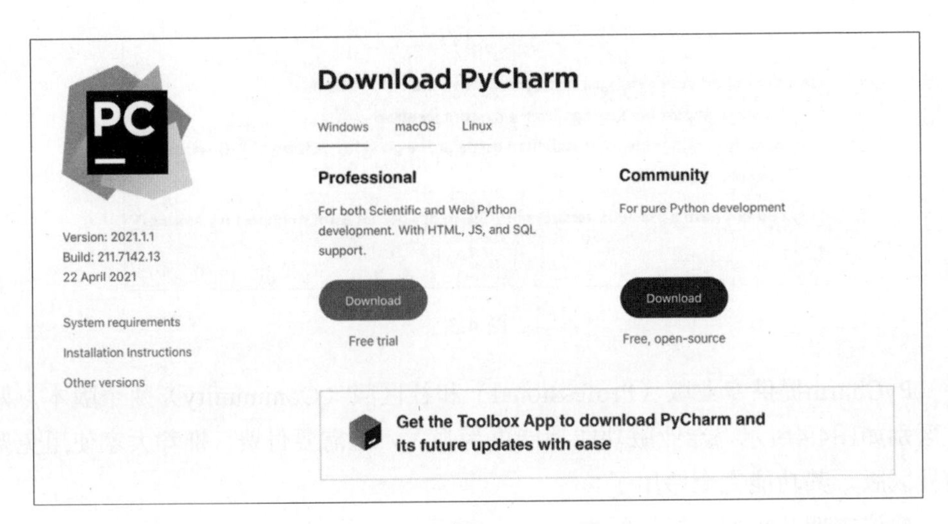

图 4.1

macOS用户请选择图中macOS对应的Tab页，根据电脑的版本选择Apple Silicon版或Intel版进行下载并安装，如图4.2所示。

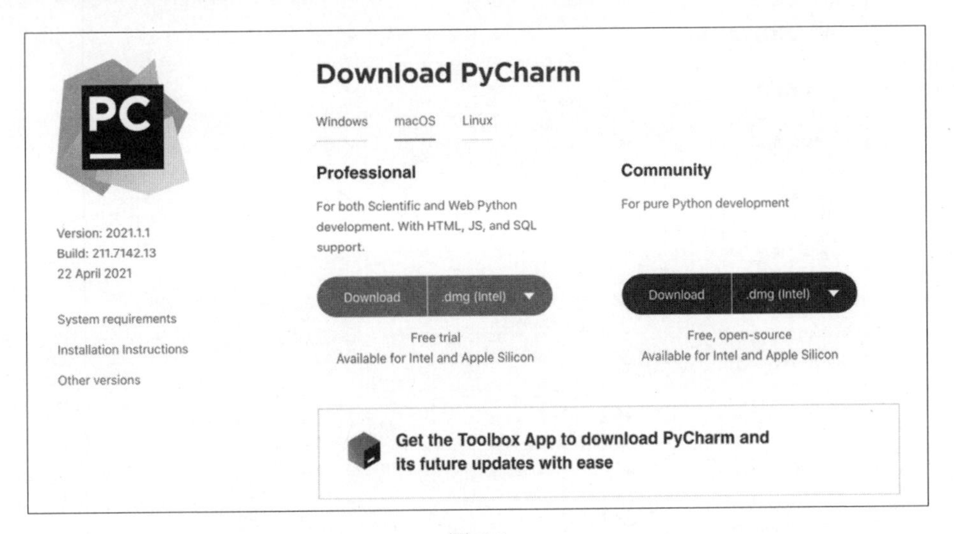

图 4.2

注意：macOS用户安装Python3之后，切记不要卸载系统自带的Python，否则系统的其他功能可能会受到影响。同时，在安装过程中，会出现选择工作区的对话框。如果你从未安装过PyCharm，请按照图4.3所示的内容进行选择，PyCharm会为你新建一个工作区。

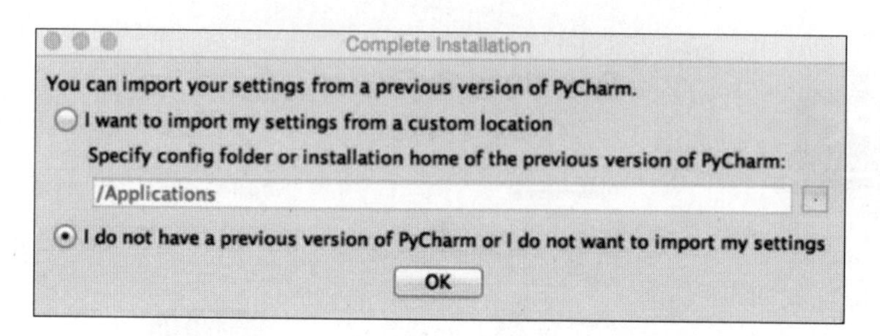

图 4.3

PyCharm提供专业版（Professional）和社区版（Community）两个版本，两者区别如图4.4所示，专业版功能功能更为强大，但需要付费。推荐大家使用免费的社区版，其功能完全够用了。

建议定期升级到最新的版本。

	PyCharm专业版	PyCharm社区版
智能Python编辑器	✓	✓
图形调试器和测试运行器	✓	✓
导航和重构	✓	✓
代码检查	✓	✓
VCS支持	✓	✓
科学工具	✓	
Web开发	✓	
Python Web框架	✓	
Python Profiler	✓	
远程开发能力	✓	
数据库和SQL支持	✓	

图 4.4

内置 print() 方法

该方法用于打印输出，是Python3最常用的一个函数。下面我们介绍该函数的语法。

```
print(*objects, sep=' ', end='\n', file=sys.stdout, flush=False)
```

- objects 参数用于一次输出多个对象。输出多个对象时，需要使用逗号分隔。
- sep 参数用于间隔多个对象，默认值是一个空格。
- end 参数用于设定以哪个字符串结尾。默认值是换行符 ，我们可以换成其他字符串。
- file 参数用于设置要写入的文件对象。
- flush 参数用于判断输出是否被缓存。如果该参数为 True，输出流会被强制刷新。

上面的语法看起来很复杂，是因为该函数提供了很多附加的功能，比如文件输出、配置换行符等，通常遇到的场景没有这么复杂。下面以在屏幕上打印Hello World为例，介绍print()函数的使用。

打开PyCharm社区版，新建项目（Create New Project），如图4.5所示，选择一个本地的路径，项目名为autoTest。

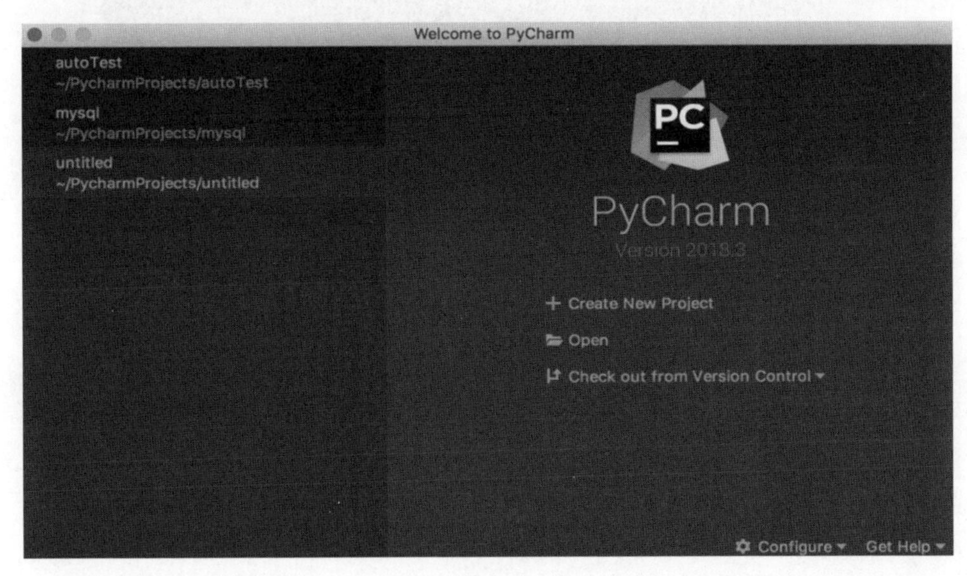

图 4.5

进入工程后，在工程名处单击鼠标右键，选择New|Python File，如图4.6所示，新建名为helloworld.py的文件，如图4.7所示。

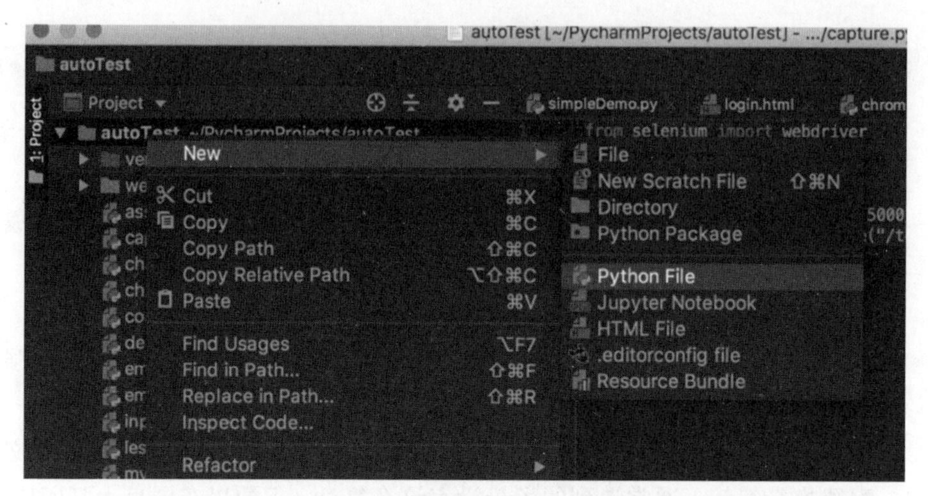

图 4.6

图 4.7

新建文件后，执行以下代码：

```
print('Hello World')
```

用鼠标右键单击helloworld.py文件，弹出如图4.8所示菜单后，单击Run 'helloworld'运行程序。

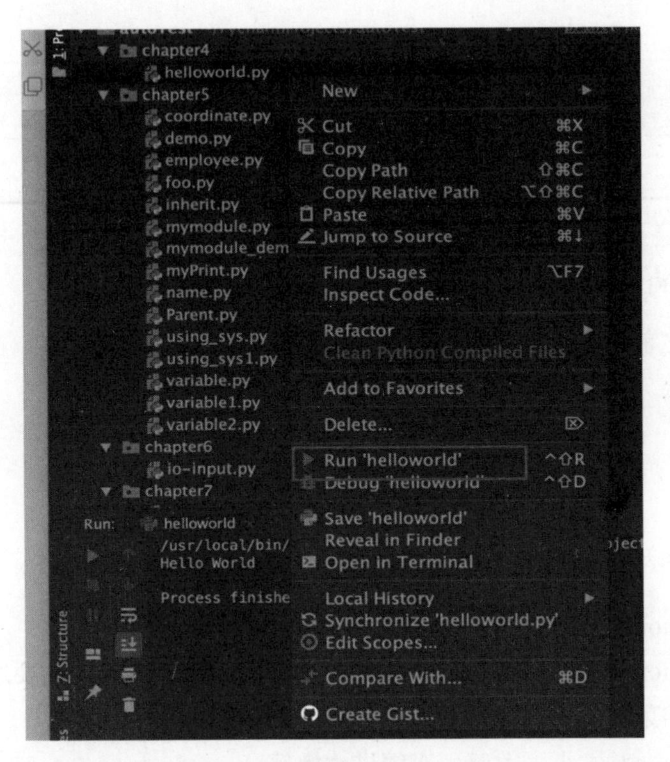

图 4.8

看看屏幕是否打印了Hello World，如图4.9所示。

图 4.9

如果你的电脑也出现了图4.9所示的结果，那么恭喜你！你已经完成了环境的安装，接下来我们将深入学习Python的基础知识。

挑战问题

安装Python3。

下载并安装PyCharm，注意下载时选择社区版。

编写一个Python程序：helloworld.py，运行程序可以打印出“Hello World！”如图4.10所示。

```
Hello World!
```

图 4.10

注意：请闭卷完成“挑战问题”，请在下载安装包并完成安装后开始计时，10分钟内完成。

如果你之前完全没有接触过Python，请先阅读下面的知识点，再进行“挑战问题”的解决。

知识点

语言基础知识要点

（1）Python的源代码文件一般用.py作为扩展名。

（2）Python中每一行最后的分号不是必需的，可以省略，主要通过换行符来识别语句的结束。

（3）Python对大小写敏感，对缩进也敏感。

（4）print()函数在Python中用于文字输出。

4.2 小青，你几岁了

在4.1节中我们安装了Python的基础环境，学习了print()函数的用法，本节将学习终端交互和字符串的相关知识。本节是Python学习的基础。

学习目标

学习通过Python交互模式界面进行简单的输入和输出。

学习字符串拼接的方法。

知识准备

Python 交互模式界面

Python的交互模式是一个命令行界面，也叫文本交互界面。安装后可以通过菜单打开，如图4.11所示。

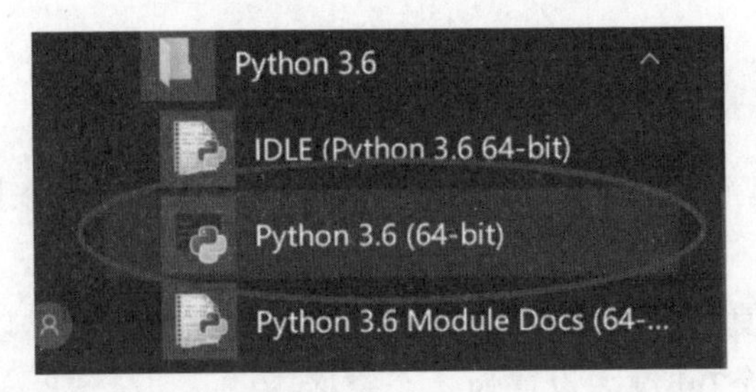

图 4.11

也可以通过命令行界面输入：

```
python
```

输入后，会出现以“>>>”作为提示符的交互界面，如图4.12所示。

```
Python 3.9.4 (v3.9.4:1f2e3088f3, Apr  4 2021, 12:32:44)
[Clang 6.0 (clang-600.0.57)] on darwin
Type "help", "copyright", "credits" or "license" for more information.
>>> 
```

图 4.12

在Python的交互模式中输入Python语句，单击回车键就可以返回结果。

比如，在交互界面打印Hello World!!可以这样做

```
>>> print('Hello world!!')
Hello world!!
>>>
```

注意：命令行界面和 Python 的交互界面是有区别的，主要的辨别方法就是看是否存在“>>>”提示符。存在“>>>”提示符的是 Python 交互界面，交互界面可以接收和识别 Python 语句。我们可以输入 quit()命令或者使用 Ctrl+Z 快捷键退出交互界面。没有“>>>”的是命令行界面，可以运行操作系统的命令。特别提醒：pip install 等命令只能在命令行界面运行，在 Python 交互界面是不可以运行的。要想进入命令行界面，在 Window 系统中可以通过 Win+R 组合键，调出“运行”文本框，输入 cmd 后按回车键即可。

缩进

与Java、C++等语言不同，Python采用代码缩进和冒号来区分代码块之间的层次。

Python语言可使用空格或者Tab键实现代码的缩进。通常以 4 个空格长度作为一个缩进量，一个Tab键需设置为 4 个空格。

注释

注释的主要目的是为了提高Python程序的可读性，好的程序应首先易于阅读，其次才是解决效率的问题。

Python中的注释有单行注释和多行注释。

Python中使用#号表示单行注释。单行注释可以作为单独的一行放在被注释代码行之上，也可以放在语句或表达式之后。

下面给大家举个例子：

```
# 这是单行注释
```

当注释内容过多，导致一行无法显示时，就可以使用多行注释。Python中使用三个单引号或三个双引号表示多行注释。

```
'''
这是使用三个单引号的多行注释
'''

"""
这是使用三个双引号的多行注释
"""
```

标识符与大小写

标识符是一种符号，用于给程序中变量、类、方法命名。标识符对大小写敏感，也就是说“Python”与“python”是两个不同的标识符。

变量

变量用于保存数字、字符串或者其他数据信息。变量就是一个标识符，也就是说变量就是一个容器的名字。容器可以存放数字、字符串或者其他数据信息，而变量的名字必须是数字、字母和下画线的组合，并且只能以字母或者下画线开头。我们看看下面的例子。

```
>>> str = 'hello'
>>> print(str)
hello
>>> print('hello')
hello
```

上面的语句定义了一个变量，变量的名字为str。str = 'hello'语句表明将字符串'hello'赋值给了变量str，等号用于给变量赋值。然后，这个变量就代表字符串'hello'，print(str)语句就会得到和print('hello')语句一样的结果。

变量和文件的命名规则

命名规则可以被视为一种惯例，并没有绝对与强制，目的是增加代码的识别和可读性。

Python通常使用以下命名规则。

（1）在定义变量时，为了保证代码格式，等号的左右两边应各保留一个空格。

（2）如果变量或文件名需要由两个或多个单词组成，一般采用下画线命名或者驼峰命名。

● 下画线命名

每个单词都使用小写字母。

单词与单词之间使用下画线连接。

如：first_name、last_name。

● 驼峰命名

如果变量名是由两个或多个单词组成，可使用驼峰命令法来命名，分以下两种。

小驼峰命名法：第一个单词以小写字母开始，后续单词的首字母大写。

如：firstName、lastName。

大驼峰命名法：每一个单词的首字母都采用大写字母。

如：FirstName、LastName。

数据类型

Python有六个标准的数据类型。

● Numbers（数字）

Number类型包括int整型、float浮点型、bool布尔、complex复数。

整型（int）：如 0、-1、0xff、0b1010。

浮点型（float）：如 3.14、5.88e-2。

布尔类型（bool）：True、False。

复数类型（complex）：4+3j、complex(8,-3)。

● String（字符串）

String类型用引号引起来，如'今天天气很好'、'I love Python'。

● List（列表）

List是一个可修改、有序的集合，用方括号括起来，如[1,2,3]、[True,4+3j,0.023]。

● Tuple（元组）

Tuple是一个不可修改、有序的集合，用小括号括起来，如（1,2,3），（True,4+3j,0.023），与列表最重要的区别是不可修改。

● Set（集合）

Set的功能是用来实现集合的运算，用大括号引起来，如{'Python','C++','JAVA','Javascript'}。集合重要的功能便是去重。

● Dictionary（字典）

Dictionary看起来有序，本质上却无序，因为其底层使用了哈希算法，使用键值对来存储数据。如{'top':'关羽','middle':'小乔','bottom':'后裔','jungle':'盲僧','support':'机器人'}。

获取变量的数据类型

Python的内置库提供了type()函数，这个函数在工作中经常遇到。执行以下语句，看看type(strVar)返回什么。

```
strVar = '今天天气很好'
```

```
print(strVar,type(strVar))
```

从终端读入字符串

通过4.1节的学习，我们已经了解了print()函数的简单用法，本节我们练习从终端读入字符串。

Python中提供了input()内置函数。该函数用于从标准输入终端（默认情况下就是键盘）读入一行文本。

```
result = input(argument)
```

上面语句中的input()函数可以接收一个字符串参数(argument)。该参数将作为输入的提示信息，而函数的返回值就是从终端输入的字符串。

下面我们打开Python的交互模式，读取一个字符串并打印出来。

```
>>>
>>> str = input('请输入一个字符串：')
请输入一个字符串：闯关式学习，需要刻意练习。
>>> print(str)
闯关式学习，需要刻意练习。
>>>
```

从终端读入字符串就是这么简单。

字符串及其简单操作

字符串类型是Python的六大标准数据类型之一。字符串是用单引号或者双引号括起来的一串可见的字符的序列。对于不可见的字符，即一些特殊字符，一般用反斜杠转义。

比如，回车符为\n，TAB符为\t等。

```
>>> string = 'hello\tworld!!'
>>> print(string)
hello   world!!
>>>
```

上面的语句定义了一个字符串'hello\tworld!!'并赋值给string变量，hello和

world之间有一个TAB符。

字符串可以通过加号（+）将两个字符串连接成为一个新的字符串。通过星号（*）可以多次复制字符串并连接成为一个新的字符串。

```
>>> string='hello' + 'world'
>>> print(string)
helloworld
>>> string='hello'*3
>>> print(string)
hellohellohello
```

小练习

请回答Python的六大标准数据类型都有哪些？

挑战问题

编写一个Python程序howOldAreYou.py，实现以下功能。程序会首先询问“你叫什么名字？”，得到答案后，会继续询问“【名字】你几岁了？”，得到年龄后会打印出“【名字】【年龄】岁了。”

运行结果如图4.13所示。图中“小青”和“1000”是输入的内容。

```
你叫什么名字？小青
小青你几岁了？1000
小青 1000 岁了
```

图 4.13

注意：请在10分钟内闭卷完成本“挑战问题”。如果第一次不能闭卷完成或者完成时间超时，请将编写的程序删除后重做一次。

难点提示

语言基础知识要点

（1）input()函数在Python中是用来接收终端文字输入的。特别提醒：input()

函数的语法在Python3中和在Python2中是不同的，有兴趣的读者可以自行学习一下。

（2）变量是存储在内存中的值。这就意味着在创建变量时，程序会在内存中开辟空间。

（3）Python中的变量赋值不需要类型声明。

（4）等号用于给变量赋值。

（5）Python有六个标准的数据类型。

- Numbers（数字）。
- String（字符串）。
- List（列表）。
- Tuple（元组）。
- Set（集合）。
- Dictionary（字典）。

（6）字符串拼接用加号。

拓展

用两种方法完成本节的“挑战问题”。

4.3 我会做加法

学习目标

学习算术运算符、赋值运算符和数字操作。

知识准备

运算符与表达式

Python大多数语句都包含了表达式（Expressions）。一个表达式的简单例子便是“5+7”。表达式可以拆分成运算符（Operators）与操作数（Operands）。其中5 和 7 被称为操作数，中间的加号称为运算符。

为了完成本节的“挑战问题”，需要学习算术运算符和赋值运算符。

算术运算符包括：加（+）、减（-）、乘（*）、除（/）、模（%）、幂（**）6种运算符，在Python里面还增加了整除运算符（//）。我们来执行下面这段代码：

```
>>> a=2
>>> b=2
>>> print(a+b)
4
>>> print(a-b)
0
>>> print(a*b)
4
>>> print(a/b)
1.0
>>> print(a%b)
0
>>> print(a**b)
4
>>> print(a//b)
1
```

这里需要重点理解Python中的整除运算符，我们举个例子，执行下面这段代码。

```
>>> a=1
>>> b=2
>>> print(a/b)
0.5
>>> print(a//b)
0
```

我们可以看到，Python中的除法是一种浮点运算，采用向下取整除法。

赋值运算符，就是在以上七个运算符的基础上，增加了直接赋值的运算符，共有八个：+=、-=、*=、/=、%=、**=、//=、=。尝试执行以下代码。

```
>>> a=2
>>> b=2
>>> a+=b
>>> a
```

```
4
>>> a-=b
>>> a
2
>>> a*=b
>>> a
4
>>> a/=b
>>> a
2.0
>>> a%=b
>>> a
0.0
>>> a**=b
>>> a
0.0
>>> a//=b
>>> a
0.0
```

字符串类型和整型转换

我们先来执行以下代码。

```
>>> a='1'
>>> b='1'
>>> print(a+b)
11
```

我们期望这段代码的输出结果应该是2，然而计算机得出的答案却是11。这是为什么呢？是不是很困惑？

细心的你或许发现了其中的端倪，这里a和b两个变量都被赋值了字符串。程序执行字符串相加操作，会将两个字符串拼接起来，而不是逻辑运算。

怎么解决这种问题呢？Python为我们提供了用于类型转换的int()方法。

int()方法可以将浮点类型、字符串类型等转换成int型。让我们一起改造这段代码。

```
>>> a='1'
>>> b='1'
>>> print(int(a)+int(b))
2
```

这下“1+1”真的等于2了。

说完了字符串类型转整型，我们再来介绍其他类型转字符串的方法。

str()方法可以将整型、浮点类型、列表类型等转换成字符串类型。

```
>>> str(12)
12
>>> str(-12.90)
-12.9
>>> str([1, 2, 3])
[1, 2, 3]
```

挑战问题

编写一个Python程序computer.py，实现以下功能。程序首先打印“请输入第一个数字：”，待用户输入第一个数字并按回车键后，打印“请输入第二个数字：”，待用户输入第二个数字并按回车键后，打印输出“两个数之和为：[两个数字之和]”。

运行结果如图4.14所示。图中“123”和“321”为输入内容。

```
请输入第一个数字：123
请输入第二个数字：321
两个数之和为：444
```

图 4.14

注意：请在10分钟内闭卷完成本“挑战问题”。如果第一次不能闭卷完成或者完成时间超时，请将编写的程序删除后重做一次。

难点提示

input()函数的返回值默认是字符串，不能直接用于计算。

当遇到下面的错误提示信息，请仔细分辨报错的原因：

ValueError: invalid literal for int() with base 10: 'qqww'

这是因为程序中包含非数字的字符串'qqww'无法转换成整数，所以运行报错了。

```
TypeError: unsupported operand type(s) for +: 'int' and 'str'
```

这是因为程序中整型变量和字符串型变量无法相加，导致出现类型错误，所以运行报错了。

```
TypeError: not all arguments converted during string formatting
```

这是因为程序中传入的参数未被格式化，所以运行报错了。

在进行字符串格式化的时候，可能出现部分传入的参数没有被格式化。如果是打印的时候出现，一般是print()方法中的占位符的个数与输入的参数不匹配。

```
>>> print('两个数之和为：%s' % (1,2))
Traceback (most recent call last):
 File "<stdin>", line 1, in <module>
TypeError: not all arguments converted during string formatting
>>>
```

上面代码的print()函数中，第一个参数只有一个占位符（%s），而后面的参数却试图传递包含两个元素的元组，所以出现了TypeError的错误。

知识点

语言基础知识要点

（1）Python有7个算术运算符，要记住它们。

（2）这7个算术运算符和等号结合，就组成了七个赋值运算符；加上等号本身，组成八个赋值运算符，要记住它们。

（3）Python支持四种不同的数值类型：整型（int）、浮点数类型（float）、长整型（long）、复数类型（complex），其中前两种是必须熟练掌握的。

（4）input()函数得到的返回值默认是字符串。

（5）字符串类型与数字类型的转换方法：int()函数是将括号里的参数转换成整型，str()函数是将括号里的参数转换成字符串。

拓展

在上面的“挑战问题”完成后，请尝试在输入第一个数字的时候，输入“abc”，看看会发生什么？

4.4 这是奇数还是偶数

学习目标

学习比较运算符和if...else...语句。

知识准备

if 语句

if 语句用于检查条件：如果条件为真（True），将运行一“块”语句（称作 if-block 或 if块），否则我们将运行另一“块”语句（称作 else-block 或 else 块）。其中 else 从句是可选的。

下面介绍if语句的语法形式。

```
if 判断条件 1:
  执行语句 1……
else:
  执行语句 2……
```

下面举个例子说明，新建一个名为ifDemo的Python文件，执行以下代码，观察运行结果。

```
#!/usr/bin/python
# -*- coding: UTF-8 -*-
name = 'akui'
```

```
if name == 'akui':    # 判断 num 的值
  print('writer')    # 条件成立时输出 writer
else:
  print ('reader') # 条件均不成立时输出 reader
```

程序首先将字符串'akui'赋值给name变量，接下来执行if条件判断语句，如果name变量的值为字符串'akui'，则打印'writer'，否则打印'reader'。

试试改变name变量的值为你的名字，如字符串'mxt'，看看输出结果如何。

比较运算符

为了完成本节的“挑战问题”，我们需要学习比较运算符。

六个比较运算符包括：等于、不等、大于、小于、大于等于、小于等于。

假设变量a为30，变量b为50，我们得到如表4.1所示的实例。

表 4.1

运算符	描　述	实　例
==	等于：比较对象是否相等	(a == b) 返回 False
!=	不等于：比较两个对象是否不相等	(a != b) 返回 True
>	大于：返回x是否大于y	(a > b) 返回 False
<	小于：返回x是否小于y	(a < b) 返回 True
>=	大于等于：返回x是否大于等于y	(a >= b) 返回 False
<=	小于等于：返回x是否小于等于y	(a <= b) 返回 True

挑战问题

编写一个Python程序oddOrEven.py，实现以下功能。程序首先提示用户“请输入一个数字：”，待用户输入数字并按回车键后，如果输入的数字是偶数就打印“您输入的数字为：偶数”，如果输入的数字是奇数就打印“您输入的数字为：奇数”。运行结果如图4.15所示，图中“123”为输入内容。

```
请输入一个数字：123
您输入的数字为奇数
```

图 4.15

注意：请在10分钟内闭卷完成本“挑战问题”。如果第一次不能闭卷完成或者完成时间超时，请将编写的程序删除后重做一次。

知识点

语言基础知识要点

（1）Python有7个比较运算符。

（2）别忘了if…else…语句中的冒号。

（3）特别提醒：Python对缩进敏感，Python的代码块不使用大括号而是用缩进来界定代码块。相同的代码块必须包含相同的缩进空白数量，这必须严格执行，否则，会得到以下错误提示：

```
IndentationError: unexpected indent
```

拓展

尝试输入字符串'abc'，观察程序报什么错误，思考如何解决这个问题。

4.5 我们三个谁最大

学习目标

学习逻辑运算符和if…elif…else…语句。

知识准备

逻辑运算符

为了完成本节的“挑战问题”，需要学习“运算符”中的逻辑运算符。

逻辑运算符只有三个：与（and）、或（or）、非（not），但是，这三个运算符和小括号结合起来，变化莫测。

要想较好地应用逻辑运算符，需要对逻辑代数（布尔代数）有基本的了解和掌握。

尝试回答：在a=91，b=33，c=35，d=190的情况下，以下表达式是真还是假？

```
((a==90) or (a==95)) and (b>=30 and b <=33) and ((c==31) or (c>=34 )) and ((d==195) or (d==190))
```

可以自己写个小程序验证一下自己的答案是否正确。

如果你可以较好地回答上面的问题，就可以继续进行后续的学习并进行问题挑战了；如果对上面的问题回答错误，或者没有什么把握，建议你加强一下逻辑代数基础知识的学习。

逻辑运算对于软件开发或者测试开发工作来说，是非常重要的一个基本技能，我们务必加以重视。

字符串操作

字符串是Python中最常用的数据类型。我们可以使用单引号或者双引号来创建字符串。

Python不支持单独的字符类型，而字符串可以看作由字符组成的列表。我们可以通过下标的方式直接访问字符串中的子串或者字符。下面介绍字符串基本的用法。

字符串最基本的用法包括创建、访问、拼接和翻转。请执行以下代码，学习如何创建字符串、访问字符串中的值以及字符串拼接。

```
>>> str = 'Hello world!'
>>> print(str)
Hello world!
>>> print(str[6:11])
world
>>> print(str[6])
w
>>> print(str + str)
Hello world!Hello world!
>>> print(str * 3)
Hello world!Hello world!Hello world!
```

这里介绍一个比较有意思的用法：字符串翻转。

```
>>> print(str[::-1])
```

```
!dlrow olleH
>>>
```

这种用法是不是很有意思？字符串包含了40多个内建函数。这些函数实现了字符串的常用操作。下面我们对几个常用的函数进行演示。

```
>>> str = 'Hello world!'
>>> print(str)
Hello world!
#isdigit()函数，用于判断字符串是否是数字。
>>> print(str.isdigit())
False
#split()函数用于将字符串分隔为字符串列表，默认以空格为分隔符。
>>> print(str.split())
['Hello', 'world!']
>>> str1,str2=str.split()
>>> print(str1)
Hello
>>> print(str2)
world!
>>>
```

列表（数组）操作

列表是Python中最基本的数据结构。列表中的每个元素都分配一个数字，表示它的位置，称之为索引。第一个索引是0，第二个索引是1，依此类推。比如['I','love','python']中，'I'的索引是0，'love'的索引是1，'python'的索引是2，注意索引是从0开始的。

创建一个列表，只要把逗号分隔的不同的数据项使用方括号括起来即可。比如创建上面的['I','love','python']数组，将其命名为list1。

```
list1 = ['I' ,'love','python']
```

访问列表中元素的值，可以通过索引也可以使用方括号的形式截取字符。

比如：

```
>>> list1 = ['I' ,'love','python']
>>> list1 [0]
'I'
>>> list1[1:3]
['love','python']
```

更新列表中元素的值，可以对列表的数据项进行修改或更新，也可以使用append()方法来添加列表项。

```
>>> list1 = ['I' ,'love','python']
>>> list1[2] = 'C++'
>>> list1[2]
C++
>>>list1.append('coding')
>>>list
['I', 'love', 'C++', 'coding']
```

删除列表元素,可以使用del语句来删除列表中的元素。

```
>>> list1 = ['I' ,'love','python']
>>>del list1[2]
>>>list1
>>>['I' ,'love']
```

列表对加号和星号的操作符与字符串相似。加号操作符用于组合列表，星号操作符用于重复列表。

```
>>> list1 = ['I' ,'love']
>>>list2 = ['python']
>>> list1+ list2
 ['I' ,'love','python']
>>>list1 * 3
['I', 'love', 'I', 'love', 'I', 'love']
```

获取列表的长度，可以使用len()函数。

```
>>> list1 = ['I' ,'love','python']
>>>len(list1)
3
```

列表的截取与拼接，可以使用数组的下标（放在中括号里的数字）。其中正整数n表示取列表第n+1个元素，如list[1]表示取列表中第二个元素。

```
>>> list1 = ['I' ,'love','python','and','java']
>>>list1[1]
'love'
```

list[0]表示取列表第1个元素。

```
>>>list1[0]
'I'
```

负整数m表示取列表倒数m个元素，如list[-1]表示取列表倒数第一个元素。

```
>>>list1[-1]
'java'
```

列表还支持截取，可以使用冒号（:）来进行截取，如list[1:3]表示截取从第二个元素开始，到第四个元素结束，注意不包含第四个元素。

```
>>>list1[1:3]
['love', 'python']
```

list[2:]表示截取第三个元素及其之后的元素。注意包含第三个元素。

```
>>>list1[2:]
['python', 'and', 'java']
```

list[:3]等价于list[0:3]，表示截取第一个到第四个元素,注意不包括第四个元素。

```
>>>list1[:3]
['I', 'love', 'python']
```

列表还常用以下函数和方法，如表4.2所示。

表 4.2

函数名	用途
len(list)	获取列表元素个数
max(list)	返回列表元素最大值
min(list)	返回列表元素最小值
list(seq)	将元组转换为列表
list.append(obj)	在列表末尾添加新的对象
list.count(obj)	统计某个元素在列表中出现的次数
list.extend(seq)	在列表末尾一次性追加另一个序列中的多个值(用新列表扩展原来的列表)
list.index(obj)	从列表中找出某个值第一个匹配项的索引位置
list.insert(index, obj)	将对象插入列表
list.pop([index=-1])	移除列表中的一个元素(默认最后一个元素),并且返回该元素的值
list.remove(obj)	移除列表中某个值的第一个匹配项
list.reverse()	反向列表中元素
list.sort(key=None, reverse=False)	对原列表进行排序
list.clear()	清空列表
list.copy()	复制列表

这些函数和方法在实际工作中经常遇到，它们是Python已经提供的，不需要自己实现，具体的语法也不用死记，需要的时候查阅资料即可找到。

挑战问题

编写一个Python程序getMaxNum.py，实现以下功能。程序首先提示用户“请输入三个数字，数字之间用空格隔开：”，待用户输入三个数字并按回车键后，打印“您输入的最大数字为：[三个数字中最大的数字]”。运行结果如图4.16所示。图中“33 231 22”为输入内容。

```
请输入三个数字，用空格分开：33 231 22
您输入的最大数字为：231
```

图 4.16

该程序有以下设计要求。

（1）程序中要用三个变量（num1,num2,num3）保存输入的三个数字。

（2）通过以下逻辑描述编写代码。

```
if【此处有一个条件表达式】
输出第一个数字，即打印：您输入的最大的数字是[num1]
elif【此处有一个条件表达式】
输出第二个数字，即打印：您输入的最大的数字是[num2]
else
输出第三个数字，即打印：您输入的最大的数字是[num3]
```

（3）至少通过以下3个测试案例：

输入为1 22 23，最大值为23；

输入为33 22 1，最大值为33；

输入为22 22 10，最大值为22。

小练习

请根据等价类、边界值、异常场景推定的测试案例设计技术，再想至少5个测试案例。

注意：请在10分钟内闭卷完成本“挑战问题”。如果第一次不能闭卷完成或者完成时间超时，请将编写的程序删除后重做一次。

难点提示

对于逻辑运算符和比较运算符的优先级问题，其实不用特别在意。在实际工作和应用过程中，建议通过小括号进行显式的优先级表达。

注意：至少通过题目中提示的3个测试案例才算通过。

知识点

语言基础知识要点

（1）Python有三个逻辑运算符。

（2）别忘了if…elif…else…语句的冒号。

（3）复习int()和str()方法。这两个方法可以进行整型和字符串类型的相互转换。

（4）列表数据类型的相关函数和方法的应用。

拓展

如果输入20个数字，程序应该如何写？想一想如果不用if...else...语句，还有没有其他解法？

4.6 FizzBuzz

学习目标

复习逻辑运算符和if...elif...else...条件语句。

学习循环语句。

知识准备

经过4.4节和4.5节的学习，我们已经完成了条件语句的学习，本节需要完成“while语句”“for循环”“break语句”“continue语句”的学习。

while 语句

只要在一个条件为真的情况下，while语句允许重复执行一“块”语句。while语句有一个可选的else从句，其流程图如图4.17所示。

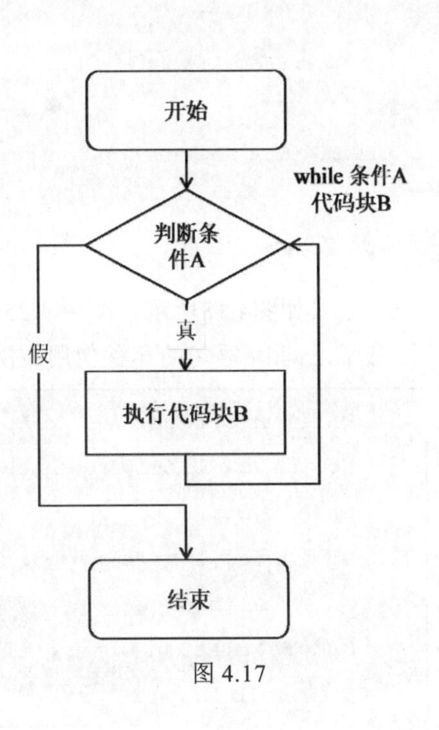

图 4.17

下面介绍while语句的语法。

```
while 判断条件(condition):
    执行语句(statements)……
else
    执行语句(statements)……
```

创建while.py的文件，执行以下代码。

```
#!/usr/bin/python
# -*- coding: utf-8 -*-
# Filename: while.py
number = 23
running = True
while running:
  guess = int(input('Enter an integer : '))
  if guess == number:
    print('Congratulations, you guessed it.')
    running = False
    # this causes the while loop to stop
  elif guess < number:
    print('No, it is a little higher than that')
  else:
    print('No, it is a little lower than that')
else:
  print('The while loop is over.')
  # Do anything else you want to do here
print('Done')
```

执行结果如图4.18所示。图中“25”“22”“23”为输入内容。

注意学习while语句的相关使用方法，理解打印的结果是如何得到的。

```
Enter an integer: 25
No, it is a little lower than that
Enter an integer: 22
No, it is a little  higher than that
Enter an integer: 23
Congratulations, you guessed it.
The while loop is over.
```

图 4.18

for 循环

for循环语句可以遍历任何序列的项目，如一个列表或者一个字符串。其流程图如图4.19所示。

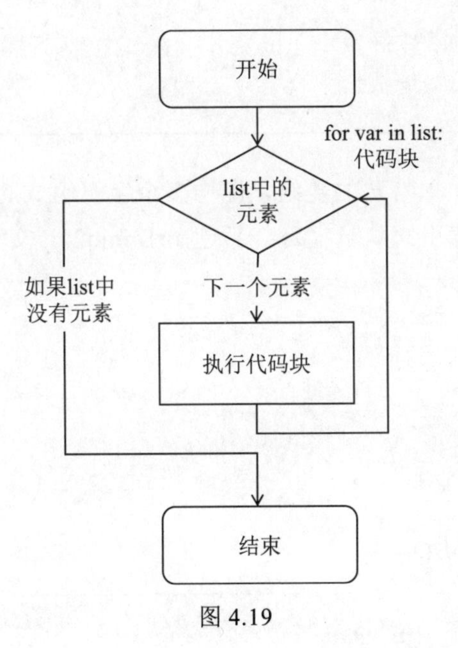

图 4.19

下面我们介绍for循环的语法格式。

```
for iterating_var in sequence:
   statements(s)
else
    statements(s)
```

下面举个例子说明，新建forDemo.py文件，并执行下面语句。

```
#!/usr/bin/python
# -*- coding: UTF-8 -*-
for letter in 'Python':     # 第一个实例
    print('current letter :', letter)
```

执行结果如图4.20所示。

```
current letter :P
current letter :y
current letter :t
current letter :h
current letter :o
```

注意字符串也是一种特殊的数组，即由多个字符组成的数组。

我们也可以通过索引来执行循环。新建forDemo2.py文件，并执行下面语句。

```
#!/usr/bin/python
# -*- coding: UTF-8 -*-
countries= ['China','English','America']
for index in range(len(countries)):
    print('当前国家 :', countries[index])
```

执行结果如图4.21所示。

```
当前国家 : China
当前国家 : English
当前国家 : America
```

图 4.21

我们要牢记这两种for循环的方式，日常工作中要合理使用。对于for...else...语句，else中的语句会在循环正常结束后执行。

break 语句

break语句打破了最小封闭for或while循环。

break语句用来终止循环语句，也就是说即使没有满足条件或者序列还没有被完全遍历，也可以通过break语句停止执行循环。其流程图如图4.22所示。

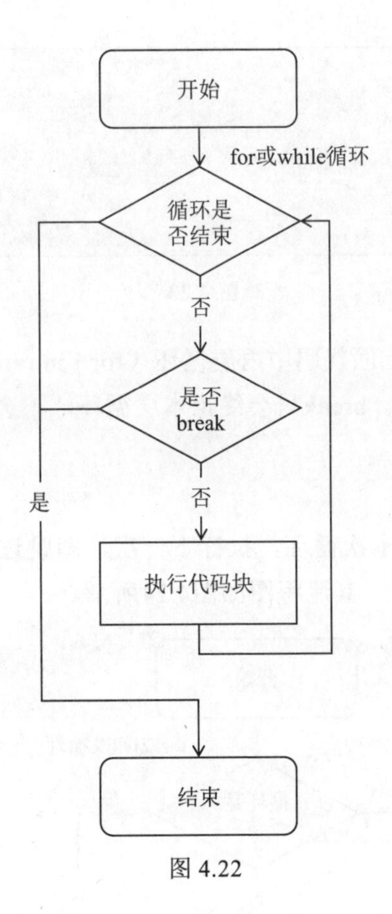

图 4.22

break语句主要用在while语句和for循环语句中。

如果使用嵌套循环，break语句将只停止执行最深层的循环。

下面给大家举个例子，新建breakDemo.py文件，执行以下代码。

```
#!/usr/bin/python
# -*- coding: UTF-8 -*-
for i in range(2):
    print('i'+str(i))
    for j in range(2):
        if j > 0:
            break
        print('j'+str(j))
```

运行结果如图4.23所示。

```
i0
j0
i1
j0
```

图 4.23

break语句只中断了上面代码中内层循环（for j in range(2)），不会终止外层循环（for i in range(2)）。break只会终止本层循环，不会终止上一层的循环。

continue 语句

continue语句，跳出本次循环，执行下一次，即跳过当前循环的剩余语句，然后继续进行下一轮循环。其流程图如图4.24所示。

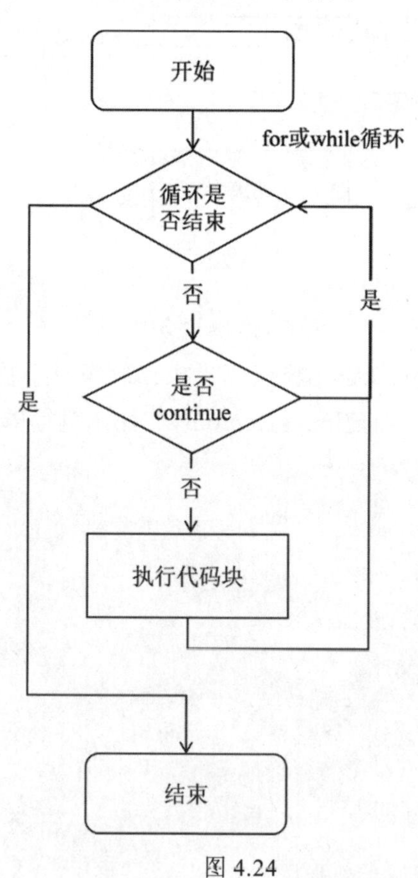

图 4.24

下面举个例子，新建continueDemo.py文件，执行以下代码，注意比较break语句与continue语句的区别。

```
#!/usr/bin/python
# -*- coding: UTF-8 -*-
print('continue')
for letter in 'Python':
    if letter == 'h':
        continue
    print('当前字母 :', letter)
print('break')
for letter in 'Python':
    if letter == 'h':
        break
    print('当前字母 :', letter)
```

运行结果如图4.25所示。

```
continue
current letter :P
current letter :y
current letter :t
current letter :o
current letter :n
break
current letter :P
current letter :y
current letter :t
```

图 4.25

请注意continue语句和break语句的区别：continue语句会跳出本次循环，而break语句会跳出本层循环。

小练习

对本节while.py程序进行升级，改名为guessNum.py。将被猜测的数字变成一个1到100之间的整数随机数。

提示

给大家介绍一个产生整数随机数的函数，这个函数是来自random库的randint(num1, num2)。该函数会产生一个从num1到num2之间（包含num1和num2在内）的整数。

```
>>> from random import randint
>>> number = randint(1,100)
>>> print(number)
12
>>> number = randint(1,100)
>>> print(number)
53
```

上面代码中的“from random import randint”的意思是从random模块中引入randint()函数。详细内容将在后续的章节里学到，这里大家只要知道randint()函数的用法即可。

请大家根据上面的提示，完成while.py的升级。此外，请将其中的提示也改成中文。运行的效果如图4.26所示。图中“50”“30”“40”“35”“33”“34”为输入内容。

```
请输入一个整数：50
目标数字比你输入的数字小！
请重新输入一个整数:30
目标数字比你输入的数字大！
请输入一个整数：40
目标数字比你输入的数字小！
请输入一个整数：35
目标数字比你输入的数字小！
请重新输入一个整数:33
目标数字比你输入的数字大！
请重新输入一个整数:34
恭喜你，猜对啦！
Done
```

图 4.26

挑战问题

编程界有一个经典的编程练习题目，其要求为：输出0到100的数字，如果数字是3的倍数输出Fizz，是5的倍数输出Buzz，同时是3和5的倍数输出FizzBuzz，其他条件输出数字本身。

请编写一个Python程序FizzBuzz.py，实现上述功能。程序首先提示用户“请输入一个小于100的数字：”，待用户输入数字后，程序遍历从1到输入数字之间的所有数字并判断。如果该数字如果能被3整除，打印“Fizz”；如果该数字能被5整除，则打印“Buzz”；如果该字同时能被3和5整除，则打印“FizzBuzz”；其他情况打印原数字。运行结果如图4.27所示。图中“20”为输入内容。

```
请输入一个小于100的数字：20
1
2
Fizz
4
Buzz
Fizz
7
8
Fizz
Buzz
11
Fizz
13
14
FizzBuzz
16
17
Fizz
19
Buzz
```

图4.27

注意：请在10分钟内闭卷完成本“挑战问题”。如果第一次不能闭卷完成或者完成时间超时，请将编写的程序删除后重做一次。

难点提示

理解并掌握for循环和while循环的使用。

知识点

语言基础知识要点

（1）Python中的循环可以使用for语句和while语句。

（2）for循环可以遍历任何序列类变量，如一个列表或者一个字符串，甚至一个元组。

（3）可以用内置range()函数产生一个序列，该函数最多可以有三个参数，分别是起始数、结束数、步长。

（4）continue语句和break语句的区别是：continue语句会跳出本次循环，而break语句会跳出本层循环。

（5）算术运算符中计算余数的模运算符（%），被整除意味着模为零。

拓展

使用for语句和while语句两种方法解决这个问题。使用for语句解决问题时，可以使用range()函数。

4.7 建造星星塔

学习目标

学习for循环及嵌套循环的知识。

学习内建函数与print()函数。

知识准备

内建函数与 print

Python3.6的解释器自带68个内建函数，前面已经讲过了int()、str()、range()等很多函数了。下面我们复习一下print()函数的用法。

print()函数的声明：print(*objects, sep=' ', end='', file=sys.stdout, flush=False)

功能：打印传入的对象参数中的内容到字节流文件，以sep参数中的值作为分隔符，默认为空格；以end参数中的值作为结束符，默认为换行符。

使用说明：sep、end、file和flush四个参数必须以关键字参数的方式给出。所有非关键字参数都会被转换为字符串，并被写入到流文件中。

通过上面关于print()函数的介绍我们可以知道，如果打印一个字符串，但不希望换行，我们可以在打印的时候将print()函数的end参数赋值为空字符。新建printDemo.py文件，执行下面的语句。

```
print('Hello',end='')
print('World',end='')
print('!')
```

请大家思考上面三行语句的运行结果与下面的三行语句有什么不同？

```
print('Hello')
print('World')
print('!')
```

下边这一条语句打印的结果是什么？

```
print('Hello','World','!',sep='-')
```

仔细观察上面三段代码的运行结果，体会print()函数及其参数的用法。

for 循环嵌套

无论是for语句循环还是while语句循环，都是可以嵌套使用的。同时，我们一定要理解，计算机的执行过程是一条一条按顺序执行的。

新建forNesting.py文件，执行以下代码。

```
for i in range(1,5):
  for j in range(1,8):
    print('*',end='')
  print('')
print('Done')
```

思考一下，上面的代码是如何打印由'*'字符组成的矩阵的。

（1）在执行了第一个外层的for循环后，i的值为1。

（2）进入第二个for循环，此时j的值为1。

（3）执行第三条语句，打印第一个*字符，此时第二个for循环并没有结束。

（4）程序回到第二条语句循环执行，j的值会变为2，此时i的值是不变的，仍然为1。

（5）接着循环执行到第三条语句，打印第二个*字符。

（6）以此类推，直到j的值为8时，结束第二个for循环。

（7）执行第四条语句打印一个换行符，此时第一个外层的for循环的i值仍然为1。

（8）程序回到第一条语句继续进行循环执行，执行后，i的值为2。

（9）重复上面（2）到（7）的过程，直到第一条语句的i值为5，彻底结束外层for循环。

（10）执行最后一条语句打印Done。

所以，上面的程序打印的是一个四行七列的星星矩阵。

尝试运行上面的代码，体会for循环嵌套的运行过程。

挑战问题

这又是一个经典的编程问题。编写一个Python程序trig.py，实现以下功能。程序首先提示用户“请输入塔高”，待用户输入数字并单击回车键后，打印出如图4.28所示的等腰三角星星塔。每次只允许打印一个字符。图中“4”为输入内容。

图 4.28

注意：请在10分钟内闭卷完成本“挑战问题”。如果第一次不能闭卷完成或者完成时间超时，请将编写的程序删除后重做一次。

拓展

请用两种方法解决本节的“挑战问题”，一种是用两层嵌套for循环，一种是只用一层for循环。

知识点

语言基础知识要点

（1）for循环嵌套的使用。
（2）在for循环中，理解边界的控制条件。
（3）print语句中end的使用，以及如何控制print换行。

4.8 Python基础语法总结

本章我们学习了Python安装环境、Python基础语法、数据类型和控制语句。这些是Python最基础的内容，也是后续篇章学习的基础，请大家一定要将本章的知识点至少复习三遍，并独立完成各章的挑战和练习。

最后我们对本章学习的重点内容使用思维导图的方式进行回顾。Python基础语法包括Python的变量定义、类型、命名规则，文件命名、后缀，标识符定义、构成，注释用途、单行与多行注释，缩进规则、用途，大小写敏感等，其思维导图如图4.29所示。

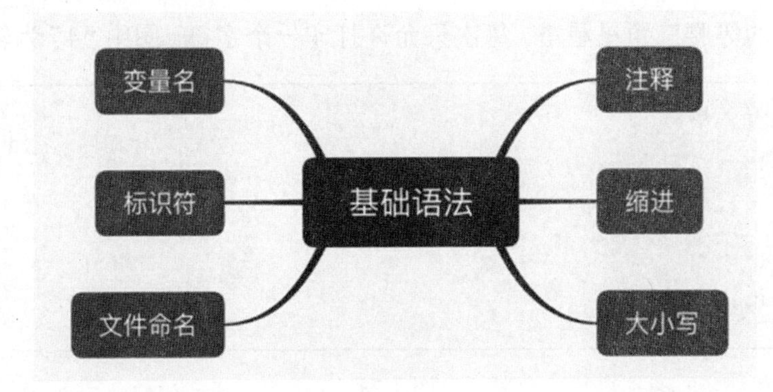

图 4.29

接下来我们学习了Python的六大数据结构，重点关注了数字类型、字符串类型和数组类型的语法、分类和操作函数，了解了字典、集合、元组、列表（数组）的区别及其初始化方法和赋值方法。

最后我们学习了条件控制语句if、循环控制语句while和for，其思维导图如图4.30所示。还记得条件控制的语法吗？还记得if ...elif...else...的用法、for的用法、for与range连用的方法吗？while循环怎么使用？循环控制的else代表什么？break

和continue的区别是什么？for嵌套语句使用break是跳出哪个循环？

如果你对上面的问题和这些思维导图的知识已经了然于心，那么恭喜你，你的Python基础知识已经十分扎实了；如果很多问题都回答不上来，那么建议你带着这些问题再次学习本章内容，因为这些是Python最基础的内容。

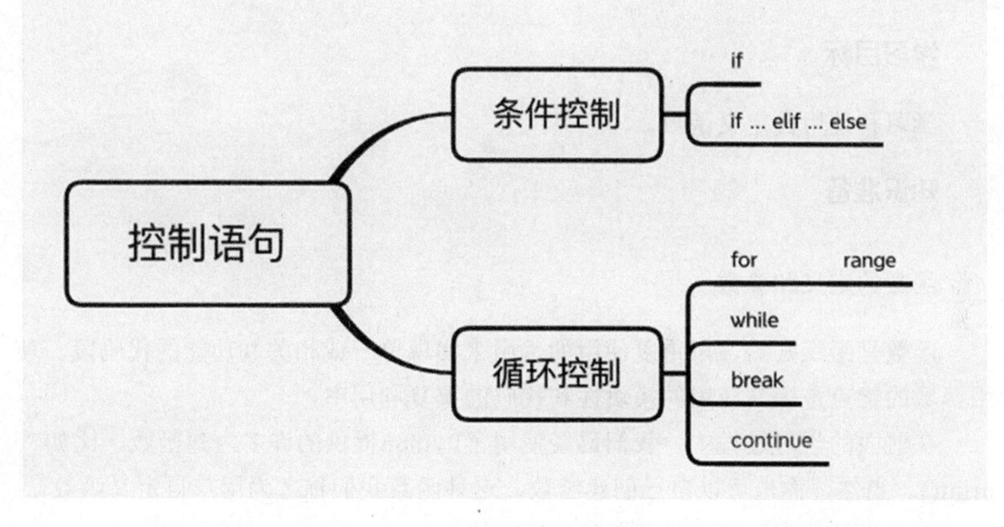

图 4.30

第五章　我长大了

5.1　函数是枝叶

学习目标

学习和使用自定义函数。

知识准备

函数的定义和参数

函数是组织好的，可重复使用的，用来实现单一或相关联功能的代码段。使用函数的优点是提高应用的模块性和代码的重复利用率。

在前面的学习过程中，我们已经使用了Python提供的许多内建函数，比如print()。当然，你也可以自己创建函数，这种函数我们称之为用户自定义函数。如何自定义函数呢？以下是简单的规则：

- 函数代码块以 def 关键词开头，后接函数标识符名称和圆括号。
- 任何传入参数和自变量必须放在圆括号中间。圆括号之间可以用于定义参数。
- 函数的第一行语句可以选择性地使用文档字符串，用于存放函数说明。
- 函数内容以冒号开始，并且缩进。
- return [表达式] 结束函数，选择性地返回一个值给调用方。不带表达式的 return 相当于返回 None。

快来建立第一个属于你的自定义函数吧！新建myPrint.py文件，执行以下代码，注意保存。

```
def myPrint(str):
  print(str);
  return;
```

如何使用这个自定义函数呢？这个步骤我们称之为函数调用。在myPrint.py最后一行键入以下语句。

```
myPrint('python');
```

看看控制台打印的结果是不是“python”。我们换下面的语句试一试。

```
myPrint('hello world');
```

看看控制台打印的结果是不是“hello world”。这里的“python”和“hello world”称为调用函数的传入参数。

调用函数时可使用以下四种参数类型。

- 必备参数
- 关键字参数
- 默认参数
- 不定长参数

这里重点讲解必备参数和关键字参数。

必备参数必须以正确的顺序传入函数，调用时的数量必须和声明时的一样。

试一试以下语句。

```
myPrint();
```

运行后会出现语法错误。

```
Traceback (most recent call last):
 File "myPrint.py", line 5, in <module>
  myPrint();
TypeError: myPrint() takes exactly 1 argument (0 given)
```

这是系统提示你，调用myPrint()函数时必须要传入一个参数。

关键字参数允许函数调用参数的顺序与声明不一致，因为Python解释器能够用参数名匹配参数值。

```
myPrint( str = 'My string');
```

上面语句中str = 'My string'就是关键字参数。

Python 变量作用域（全局变量和局部变量）

在程序中定义一个变量时，这个变量是有作用范围的，变量的作用范围被称为变量的作用域。换句话说，变量的作用域指的是程序代码能够访问该变量的区域，如果超过该区域，将无法访问该变量。

根据定义变量的有效范围，可以将变量分为局部变量和全局变量。

局部变量

局部变量是指在函数内部定义并使用的变量，它只在函数内部有效。

每个函数在执行时，系统都会为该函数分配一块临时内存空间，所有的局部变量都被保存在这块临时内存空间内。当函数执行完成后，这块内存空间就被释放了，这些局部变量也就失效了，因此离开函数之后就不能再访问局部变量了，否则解释器会抛出NameError错误。

试试运行下面的代码，创建一个名为variable.py的文件，看看运行结果有没有报错，注意理解为什么报错。

```
def text():
  demo = 'local'
  print(demo)
text()
print('local variable:',demo)
```

全局变量

全局变量指的是能作用于函数内外的变量，即全局变量既可以在函数的外部使用，也可以在函数内部使用。

定义全局变量的方式有以下2种。

(1)在函数体外定义的变量，一定是全局变量。我们创建一个名为variable1.py的文件，执行以下代码。

```
demo = 'global';
def text():
  print('in method:',demo);
text();
print('out method:',demo);
```

观察运行结果，注意体会全局变量的特点。

（2）定义全局变量的另一种方法是使用global关键字对变量进行修饰。修饰后该变量就会变为全局变量。创建一个名为variable2.py的文件，执行以下代码。

```
def text():
  global demo;
  demo = 'global';
  print('in method:',demo)
text()
print('out method:',demo)
```

在使用global关键字修饰变量名时，不能直接给变量赋初值，否则会引发语法错误。

列表和字典

通过4.2节的学习，我们知道了Python中有六个标准的数据类型：

● Numbers（数字）。
● String（字符串）。
● List（列表）。
● Tuple（元组）。
● Set（集合）。
● Dictionary（字典）。

我们已经熟练地掌握了数字和字符串这两种数据类型，并且解决了很多“挑战问题”，本节我们重点复习列表和字典两种数据类型。

列表

列表是一系列的数据元素的顺序集合，每一个数据元素都可以通过一个给定的下标访问，下标从零开始，类似于C语言中的数组。

列表的定义

列表元素必须使用方括号括起来，每个元素之间使用逗号分隔。

```
listExample = ['Akui','Yu',1979,'a_kui@163.com']
```

注意：这个列表中的1979元素没有被引号包裹，表示其数据类型为整型。'Yu'元素使用了单引号，表示其数据类型为字符串类型。

上面的例子说明：列表中的元素可以是不同的数据类型。

列表中的元素还可以有列表，这种列表被称为嵌套列表。

列表的访问

- 列表中元素的访问通过在方括号中放入下标来访问，下标从0开始。
- 访问多个元素的时候可以使用冒号来分隔起始下标和结束下标。
- 这种只有一个冒号的列表（[:]）会返回列表中所有的元素。
- 如果一个列表有两个冒号，第二个冒号后的数字表示步长。步长也可以是负数，表示从后向前。

请仔细阅读下面的代码和运行结果，体会上面的访问规则。

```
>>> listExample = ['Akui','Yu',1979,'a_kui@163.com']
>>> listExample[2]
1979
>>> listExample[1:3]
['Yu', 1979]
>>> listExample[1:]
['Yu', 1979, 'a_kui@163.com']
>>> listExample[:]
['Akui', 'Yu', 1979, 'a_kui@163.com']
>>> listExample[::2]
['Akui', 1979]
>>> listExample[::-1]
['a_kui@163.com', 1979, 'Yu', 'Akui']
>>>
```

例如，以上代码中的List Example[2]，表示列表中的第3个元素“1979”。

列表的操作

列表有以下四种基本操作：+、*、in和not in。

● 加号（+）：用于拼接列表。

● 星号（*）：用于重复列表中的内容。

● in：用于判断元素是否在列表中，在列表中返回 True，否则返回 False。

● not in：用于判断元素是否不在列表中，在列表中返回 False，否则返回 True。

继续上面的代码，假设已经存在一个列表变量listExample，该变量包含四个元素分别为'Akui'、'Yu'、1979和 'a_kui@163.com'。仔细阅读下面的代码和运行结果，体会上面的四条规则。

```
>>> listExample2=listExample+[2017]
>>> listExample2[:]
['Akui', 'Yu', 1979, 'a_kui@163.com', 2017]
>>> listExample2=listExample+[2017]*3
>>> listExample2[:]
['Akui', 'Yu', 1979, 'a_kui@163.com', 2017, 2017, 2017]
>>> 1979 in listExample2
True
>>> 2000 in listExample2
False
>>> 2000 not in listExample2
True
>>>
```

列表数据类型有4个函数和11个方法。

列表的4个函数的说明如表5.1所示。

表 5.1

函数名	说明
len(list)	返回列表元素个数
max(list)	返回列表元素最大值
min(list)	返回列表元素最小值
list(seq)	将元组转换为列表

列表的11个方法如表5.2所示。

表 5.2

方 法 名	说　明
list.append(obj)	在列表末尾添加新的对象
list.count(obj)	统计某个元素在列表中出现的次数
list.extend(seq)	在列表末尾一次性追加另一个序列中的多个值（用新列表扩展原来的列表）
list.index(obj)	从列表中找出某个值第一个匹配项的索引位置
list.insert(index, obj)	将对象插入列表
list.pop([index=-1])	移除列表中的一个元素（默认最后一个元素），并且返回该元素的值
list.remove(obj)	移除列表中某个值的第一个匹配项
list.reverse()	反向列表中元素
list.sort(key=None, reverse=False)	对原列表进行排序
list.clear()	清空列表
list.copy()	复制列表

尝试回答以下问题：

- 如何替换列表中一个元素的内容？
- 如何删除列表中的一个元素？
- 如何增加一个元素到列表的指定位置？

字典

字典是一系列以键值对的方式存储的数据元素的集合，每一个键和值之间是一一对应的，键必须是唯一的，值则不必唯一，通常通过键元素来访问值元素，一般不通过下标的方式访问。

字典的定义

字典元素必须使用大括号（{}）括起来，键元素和值元素之间用冒号分隔，每个键值对之间使用逗号分隔。

```
dictExample = {'name':'Akui','age':18,'email':'a_kui@163.com'}
```

字典中的元素并不需要同一种数据类型，但字典的键元素必须是唯一的。

字典的访问

字典的访问通常是把相应的键元素放入方括号（[]）来获取对应的值元素。

```
>>> dictExample =
{'name':'Akui','age':18,'email':'a_kui@163.com'}
>>> print(dictExample['name'])
'Akui'
>>> print(dictExample['abcd'])
Traceback (most recent call last):
 File "<stdin>", line 1, in <module>
KeyError: 'abcd'
>>>
```

仔细阅读以上代码，体会字典的访问。注意，如果用字典里不存在的键来访问字典，程序会抛出KeyError错误。

字典的操作

字典有以下两种基本操作，in和not in主要用于对键元素的判断。

- in，用于判断键元素是否在字典中，在列表中返回 True，否则返回 False。
- not in，用于判断键元素是否不在字典中，在列表中返回 False，否则返回 True。

仔细阅读下面的代码和运行结果，体会上面的两条规则。

```
>>> dictExample =
{'name':'Akui','age':18,'email':'a_kui@163.com'}
>>> 'name' in dictExample
True
>>> 12222 in dictExample
False
>>> 12222 not in dictExample
True
```

字典有3个函数和12个方法。我们不必熟记每一个的具体用法，但是要了解和熟记其作用，在需要使用时可查阅相关资料。

尝试回答以下问题。

● 如何替换字典中一个元素的内容？

● 如何删除字典中的一个元素？

● 如何增加一个元素到字典中？

字符串的 format()方法

字符串类型的format()内建函数用于对字符串进行格式化填充，并返回处理后的字符串。

先看以下的示例。

```
>>> str = '一个篮子有{}个鸡蛋，{}个篮子有{}个鸡蛋'
>>> str.format(3,4,3*4)
'一个篮子有 3 个鸡蛋，4 个篮子有 12 个鸡蛋'
>>> print(str)
一个篮子有{}个鸡蛋，{}个篮子有{}个鸡蛋
>>> print(str.format(3,2,3*2))
一个篮子有 3 个鸡蛋，2 个篮子有 6 个鸡蛋
```

使用format()函数进行格式化填充需要将要填充的位置用大括号占位。大括号的中间也可以填写数字，用于标记该位置填入的内容是来自传入函数的第几个参数，序号从0开始。如果不填写数字，大括号的位置与函数中参数的位置是一一对应的。

仔细观察以下语句的不同，体会大括号占位符中数字的含义。

```
>>> str = '一个篮子有{}个鸡蛋，{}个篮子有{}个鸡蛋'
>>> print(str.format(3,2,3*2))
一个篮子有 3 个鸡蛋，2 个篮子有 6 个鸡蛋
>>> str = '一个篮子有{1}个鸡蛋，{0}个篮子有{2}个鸡蛋'
>>> print(str.format(3,2,3*2))
一个篮子有 2 个鸡蛋，3 个篮子有 6 个鸡蛋
>>>
```


format()函数还可以接收关键字参数或者字典作为参数，这样在前面的大括号

里就可以通过关键字实现引用。看看下面的例子，新建coordinate.py文件，运行以下代码。

```
#!/usr/bin/python
# -*- coding: utf-8 -*-
print('坐标: {latitude}, {longitude}'.format(latitude='37.24N',
longitude='-115.81W'))
```

可以看到，上面代码中的{latitude}和 {longitude}是通过关键字参数的方式进行格式化填充的。

下面来看看通过字典参数的方式进行字符串填充。在coordinate.py文件中添加以下代码。

```
coord = {'latitude': '37.24N', 'longitude': '-115.81W'}
print('坐标: {latitude}, {longitude}'.format(**coord))
```

函数指针

函数指针可以简单地理解为一个指向函数的变量。函数是可以赋值给一个变量的，这时候这个变量就代表该函数。

```
>>> def foo():
...   print('foo')
...
>>>
>>> function = foo
>>> function()
foo
>>>
```

上面的代码中定义了一个foo()函数。该函数被赋值给了function变量。最后一行代码中的function()语句相当于在调用foo函数。函数的指针不仅可以保存在变量中，也可以存储到列表中。新建foo.py文件，试试以下代码吧。

```
def fool():
  print('this is fool!')
```

```
def foo2():
  print('this is foo2!')
listFun = [foo1,foo2]
for function in listFun:
  function()
```

字典也同样可以用于存放函数指针。

挑战问题

编写一个Python程序calculator.py，实现以下功能。程序首先提示用户“选择运算符”，待用户选择后，继续提示用户输入要进行运算的两个数字，待用户再次输入后，将打印运算结果。运行结果如图5.1和图5.2所示。图中“5”“3”“12”“4”为输入内容。

```
选择运算:
1 is +
2 is -
3 is *
4 is /
输入你的选择 (1/2/3/4) : 5
这不是一个合法的运算符
```

图 5.1

```
选择运算:
1 is +
2 is -
3 is *
4 is /
输入你的选择 (1/2/3/4) : 3
输入第一个数: 12
输入第二个数: 4
12 * 4 = 48
```

图 5.2

问题约束

编写的程序要满足以下条件：

程序中要用三个全局变量（operator,num1,num2）代表运算类型和参加运算的两个数字。

定义add()、minus()、multiply()、divide()四个函数分别作为运算加、减、乘、除的函数。要求这些函数接收两个数字作为输入，返回一段包含对应运算等式的字符串作为结果。

如：add()函数，接收num1和num2作为输入参数，返回以下字符串作为结果。

```
num1 + num2 = 【两个数的和】
```

比如：add(3,4)，函数输出以下的字符串。

```
3 + 4 = 7
```

注意：请在10分钟内闭卷完成本“挑战问题”。如果第一次不能闭卷完成或者完成时间超时，请将编写的程序删除后重做一次。

知识点

语言基础知识要点

- 函数可以理解为一段可以重复使用代码块。
- 定义函数的规则如下：
  - 函数代码块以 def 关键词开头，后接函数标识符名称和圆括号。
  - 任何传入参数和自变量必须放在圆括号中间，圆括号之间可以用于定义参数。
  - 函数的第一行语句可以选择性地使用文档字符串，用于存放函数说明。
  - 函数内容以冒号起始，并且缩进。
  - 函数以 return [表达式] 结束函数，选择性地返回一个值给调用方。不带表达式的 return 相当于返回 None。
- 在 Python 中，所有参数（变量）都是采用引用传递。如果你在被调用的函数里改变了传入参数的值，那么调用函数传入的原始参数也会被改变。这一点很重要。下面举个例子具体说明。

```
#!/usr/bin/python
# 被调用函数  changeValue
def changeValue( mylist ):
   "修改传入的列表"
   mylist.append([1,2,3,4]);
   print("函数内取值: ", mylist)
   return
# 调用 changeValue 函数
mylist = [11,21,31];
changeValue( mylist );
print ("函数外取值: ", mylist)
```

我们看看打印结果：

```
函数内取值:  [11, 21, 31, [1, 2, 3, 4]]
函数外取值:  [11, 21, 31, [1, 2, 3, 4]]
```

调用函数前，mylist变量的值为[11,21,31]，调用函数后，不论函数内取值还是函数外取值，mylist变量的值都变成了11, 21, 31, [1, 2, 3, 4]]。

- 局部变量是定义在函数内部的变量，拥有局部作用域。
- 全局变量是定义在函数外部的变量，拥有全局作用域。
- 判断错误输入并给出提示，避免程序运行时出现异常。

拓展

尝试使用字典来存储四个函数的指针以简化代码。

5.2 模块是枝干

学习目标

学习模块的概念和自定义模块。

知识准备

为什么要用模块

5.1节我们学习了函数的相关知识，请思考为什么要使用函数呢？答案是为了代码复用。那么如何在程序中复用很多函数呢？你可能已经猜到了，答案是使用模块。

模块是一个包含所有定义的函数和变量的文件。为了让其他程序中使用模块，模块的文件必须以.py作为扩展名。

如何使用模块

Python本身就内置了很多非常有用的模块。这些模块只要安装完毕，就可以立刻使用。新建一个名为using_sys.py的文件，执行以下代码。

```
#!/usr/bin/python
# Filename: using_sys.py
import sys
print ('The command line arguments are:')
for i in sys.argv:
  print(i)
print ('\n\nThe PYTHONPATH is', sys.path, '\n')
```

这段代码使用了sys模块，以及sys.argv、sys.path两个变量。sys模块包含了与Python解释器和环境相关的函数。sys.argv变量用于存储运行时的命令行参数，以列表的形式存储。我们可以通过for循环来遍历参数。sys.argv[0]表示代码本身文件路径。sys.path存放的是系统变量列表。

import 语句

执行import sys语句的时候，Python程序会通过sys.path变量寻找sys.py模块。如果找到了该模块对应的文件，该模块就可以被使用。

from...import 语句

我们也可以使用from sys import argv语句。这么做可以避免每次使用argv变量时都需要添加sys.。

下面新建using_sys1.py，执行以下代码。

```
#!/usr/bin/python
# Filename: using_sys1.py
from sys import argv
from sys import path
print ('命令行参数是：')
for i in argv:
  print(i)
print ('\n\nThe PYTHONPATH is', path, '\n')
```

观察运行结果是不是与执行using_sys.py程序的结果一致。

如果我们想要输入sys模块所有变量，可以使用以下语句。

```
from sys import *
```

建议大家优先使用import语句，尽量避免使用from...import *这样的语句。import语句可以使程序更加易读，也可以避免名称的冲突。

模块的__name__

每个模块都有一个名称，通过特殊变量__name__就可以获取该模块的名称。该变量用于区分模块是独立运行还是被其他程序调用的。

变量 name 前后加了双下画线，表示该变量是系统定义的名字。普通变量不要使用这种方式。

如果程序是在自身模块中执行，那么__name__就等于 __main __。如果程序是被其他程序调用，那么__name__为文件的名字（不加后面的.py）。这样我们就可以区分模块是独立运行还是被其他程序调用的。下面给大家举个例子。

新建name.py文件，执行以下代码。

```
# -*- coding:utf-8 -*-
def main():
  if __name__ =='__main__':
    print('程序自身在运行')
  else:
```

```
    print('我来自另一模块')
  main()
```

从运行结果来看，这段程序是在自身模块中执行的，下面我们看看该模块被调用的情景。新建demo.py，执行以下代码。

```
# -*- coding:utf-8 -*-
  import name
  name.main()
  print(name.__name__)
```

从运行结果来看，这段程序是被name模块调用的。

自定义模块

快来创建你的第一个模块吧！新建myModule.py，执行以下代码。

```
#!/usr/bin/python
def sayhi():
  print ('嗨，这是我的第一个模块。')
version = '0.1'
```

你可能发现这段代码并没有什么特别之处。接下来看看如何在其他Python程序中使用这个模块。新建myModule_demo.py，运行以下代码。

```
import myModule
myModule.sayhi()
print ('Version', myModule.version)
```

观察执行结果，思考这段程序是怎么调用到sayhi()函数的。

关于“模块”的知识你学会了吗？尝试回答以下问题。

（1）import module和from module import * 的区别是什么？

（2）当模块中的功能被调用的时候，模块中的__name__变量的内容是什么？

A. "main"　B. "__name__"　C. 模块的名字　D. "__模块的名字__"

包

为了避免模块名冲突，Python又引入了按目录来组织模块的方法，称为包。

下面我们举个例子，我们有一个名字叫say的模块和一个名字叫eat的模块。假设我们的say和eat两个模块名字与其他模块冲突了，我们就可以通过包来组织模块，避免冲突。

如何定义包呢？只需要以下两步。

（1）创建一个文件夹，该文件夹的名字就是该包的包名。

（2）在该文件夹内添加一个 __init__.py 文件即可。

引入了包以后，只要顶层的包名不与其他包名冲突，那么所有的模块都不会冲突。

每一个包目录下面都应该有一个__init__.py 文件，这个文件是必须存在的，否则，Python 就把这个目录当成普通目录(文件夹)，而不是一个包。

__init__.py 可以是空文件，也可以有 Python 代码，因为__init__.py 本身就是一个模块，而它的模块名就是对应包的名字。

挑战问题

重新完成5.1节“挑战问题”。编写一个Python程序calcByModule.py，实现以下功能。程序首先提示用户“选择运算符”，待用户选择后，继续提示用户输入要进行运算的两个数字，待用户再次输入后，将打印运算结果。

本次“挑战问题”要用到一个名字为calculator的自定义模块。该模块封装了加、减、乘、除四个函数。这四个函数接收两个数字作为输入，返回一段包含对应运算等式的字符串作为结果。

注意：请在 10 分钟内闭卷完成本“挑战问题”。如果第一次不能闭卷完成或者完成时间超时，请将编写的程序删除后重做一次。

知识点

语言基础知识要点

（1）被引用的模块，应该与引用程序放置在同一目录下，也可以放置在sys.path所列出的目录下。

（2）模块是一种复用程序代码的方式。

（3）包是用于组织模块的另一种层次结构。

（4）Python标准库是由包和模块组成的。

5.3 面向对象是另一种看待世界的视角

学习目标

学习类和对象的使用。

知识准备

Python从设计之初就是一门面向对象的语言，正因为如此，在Python中创建一个类和对象是很容易的。如果你以前没有接触过面向对象的编程语言，那你可能需要先了解一些面向对象语言的一些基本特征，在头脑里形成一个基本的面向对象的概念，这样有助于你更容易地学习Python的面向对象编程。

虽然有很多关于类的解释，但是，我们可以简单直接地理解为：类可以看作一系列函数定义和变量声明的集合，类中定义的函数称为方法，类中定义的变量称为成员。

一个自定义的类可以理解为一个由开发人员自己定义的新的数据类型，而对象就可以理解为是用这个复杂的数据类型声明出来的变量。

基础概念

类(Class)：用来描述具有相同的属性和方法的对象的集合。它定义了该集合中每个对象所共有的属性和方法。对象是类的实例。

类变量：类变量在整个实例化的对象中是公用的。类变量定义在类中且在函数体之外。类变量通常不作为实例变量使用。

数据成员：类变量或者实例变量，用于处理类及其实例对象的相关的数据。

方法重写：如果从父类继承的方法不能满足子类的需求，可以对其进行改写，这个过程叫方法的覆盖，也称为方法重写。

局部变量：定义在方法中的变量，只作用于当前实例的类。

继承：一个派生类继承基类的字段和方法。继承也允许把一个派生类的对象作为一个基类对象对待。例如，一个Dog类型的对象派生自Animal类。

实例化：创建一个类的实例，类的具体对象。

方法：类中定义的函数。

对象：类定义的数据结构实例。

创建类

我们可以使用class语句来创建一个新类，class之后为类的名称，并以冒号结尾。

```
class A:
 '类的帮助信息' #类文档字符串
 class_suite #类体
```

类的帮助信息可以通过 A.__doc__查看。

class_suite由类成员、方法、数据属性组成。下面让我们创建第一个类，新建employee.py文件，执行以下代码。

```
# -*- coding: UTF-8 -*-
class employee:
 '所有员工的基类'
 empCount = 0
def __init__(self, name, salary):
   self.name = name
   self.salary = salary
   employee.empCount += 1
 def displayCount(self):
  print ("Total Employee %d" % Employee.empCount )
 def displayEmployee(self):
  print ("Name : ", self.name, ", Salary: ", self.salary)
```

上面代码中empCount变量是一个类变量，它的值将在这个类的所有实例之间共享。你可以在内部类或外部类使用employee.empCount访问。

__init__()方法是一种特殊的方法，被称为类的构造函数或初始化方法，当这个类的实例被创建的时候就会调用该方法

self代表类的实例，虽然self在调用时不必传入相应的参数，但它在定义类的方法时是必需的。

实例化对象并访问属性

实例化类在有的编程语言中用关键字new，但是在Python中并没有这个关键字，类的实例化类似函数调用方式。

下面对 employee 类进行实例化，并通过 __init__()方法接收参数。

我们可以使用点号（.）来访问对象的属性，使用类的名称访问类变量。

让我们来创建一个实例化对象吧！在employee.py文件结尾添加以下语句。

```
emp1 = employee("Zara", 2000)
emp2 = employee("Manni", 5000)
emp1.displayEmployee()
emp2.displayEmployee()
print ("Total Employee %d" % employee.empCount)
```

上面代码中emp1和emp2就是employee类的实例化对象。我们通过emp1.displayEmployee()和employee.empCount语句来访问实例化对象的属性。

类的继承

面向对象编程带来的主要好处之一是代码复用。实现代码复用主要是通过类的继承机制。

通过继承而创建的新类称为子类或派生类，被继承的类称为基类、父类或超类。

Python中继承中有以下的特点：

（1）如果子类中需要使用父类的构造方法，那么就需要显式地调用父类的构造方法。

（2）在调用基类的方法时，需要添加基类的类名前缀，且需要增加self参数变量。

（3）Python首先在本类中查找调用的方法，找不到才去基类中查找。

一个类同时继承了多个类被称作“多重继承”。

我们看一个继承的例子。创建一个inherit.py文件并执行以下代码。

```
 class Parent():
def __init__(self, name,age):
    self.name = name
    self.__age = age
  def __sayAge(self):
    print("Age: ", self.__age)
  def getName(self):
    return 'Name ' + self.name
 class Child(Parent):
  def getName(self):
    print("Name : ", self.name)
```

```
        self._Parent__sayAge()
    if __name__ == '__main__':
      parent = Parent('Father',12)
      child = Child('Son',12)
      child.getName()
```

这段代码我们重点体会和学习继承的语法，尤其关注子类会继承父类的方法和成员。

self 含义

上面 employee 类的代码中，__init__()、displayCount()等方法中的第一个参数是 self。那么 self 是什么含义呢？

self 在英语中是自己或者本身的意思。类的方法中的 self 指的是实例本身。比如 self.name 是指实例本身的 name 属性，self.__sayAge()是指实例本身的__sayAge()方法。这就解释了 Python 中为何要有 self 了，因为类的代码中需要访问当前实例的属性和方法。

访问实例时，我们通常使用self访问以下的内容：

- 对应的属性：可以读取之前的值和写入新的值。
- 调用对应方法：可以执行对应的动作。

类的私有属性

__private_attrs：上面代码中的__age 就是一个私有属性，以两个下画线开头，表明该属性为私有，不能在类的外部被使用或直接访问。在类的内部以 self.__private_attrs 的形式访问。

类的方法

在类的内部，def关键字可以为类定义一个方法。与一般函数定义不同，类方法必须包含参数self，且必须是第一个参数。

类的私有方法

__private_method：上面代码中的__sayAge 就是一个私有方法，以两个下画线开头，表明该方法为私有方法，不能在类的外部调用。在类的内部以 self.__private_methods 的形式访问。

值得注意的是，上面代码中 self._Parent__sayAge()方法是子类调用父类私有方法，需要使用以下格式。

子类调用父类私有属性：self._父类名+私有属性

子类调用父类私有方法：self._父类名+私有方法名

最后我们对下画线的用法进行总结。

前后都添加两个下画线的变量：表示该方法或属性是系统定义名字，如__init__()。

以一个下画线开头的变量：表示该方法或属性是protected类型。只能允许其本身与子类进行访问。

以两个下画线开头的变量：表示该方法或属性是私有类型(private), 只能允许这个类本身进行访问。

尝试回答以下问题：

（1）从概念上来说一下类和对象的区别是什么？举个例子？

（2）狗是（ ），藏獒是（ ），我家的藏獒小花是（ ）。答案从下面的选项中选择。（注意：这是一个多项选择题）

A. 类　　B. 子类　　C. 实例　　D. 对象

（3）类方法与普通函数的区别是前者必须有一个额外的参数，这个参数的名字是（ ）。

（4）init() 方法会在（ ）时立即运行。

（5）请再列出 3 个类似于__init__的类的专有方面的名字：（ ）、（ ）、（ ）。

（6）（ ）是共享的一它们可以被属于该类的所有实例访问。（ ）由类的每一个独立的对象或实例所拥有，每个对象都拥有自己的一个副本，且不会共享。（注意：这是一个单项选择题）

A. 对象变量　　B. 私有变量　　C. 类变量　　D. 公有变量

挑战问题

使用面向对象的方式重新完成5.1节的“挑战问题”。程序中要定义一个类，类的名字为MyCalculator，该类要封装加、减、乘、除四个方法。这四个方法接收两个数字作为输入，返回一段包含相应的运算等式的字符串作为结果。通过实例化MyCalculator类，我们可以得到一个对象变量calc。最后利用该对象进行加、减、乘、除的运算并获取对应的运算等式的字符串。

注意：请在10分钟内闭卷完成本“挑战问题”。如果第一次不能闭卷完成或者完成时间超时，请将编写的程序删除后重做一次。

知识点

语言基础知识要点

（1）类可以看作一系列函数定义和变量声明的集合，类中定义的函数称为方法，类中定义的变量称为成员。

（2）类就像一个自定义的数据类型，其使用过程为：首先声明一个对象变量，然后通过这个对象变量来完成相应的功能。

（3）每个对象都是一个独立的内存实体，同一个类可以实例化出多个对象。

（4）子类会继承父类的方法和成员。

（5）类的私有方法和成员，以两个下画线开头，不能被继承，也不能被类外部的程序访问。

5.4 Python小结

本章主要学习了Python的函数、模块、包及面向对象的内容，这些内容都可以和复用联系起来，如图5.3所示。

首先，我们学习了Python函数的概念、定义、参数、变量、函数指针和返回值（return）。请注意理解以下内容。

- 函数可以理解为一段可以重复使用代码块。
- 函数代码块以def关键词开头，后接函数标识符名称和圆括号。
- 传入参数的语法结构，参数的类型。
- 全局变量与局部变量的区别和作用域。
- 如何定义函数指针。
- 函数如何定义返回值。

接下来对模块和包的概念进行了讲解。重点理解以下内容。

- 模块是一个包含了所有定义的函数和变量的文件。
- 模块包含哪些内容。
- 模块的引用方式，import与from...import...的区别。
- 模块的__name__的含义。

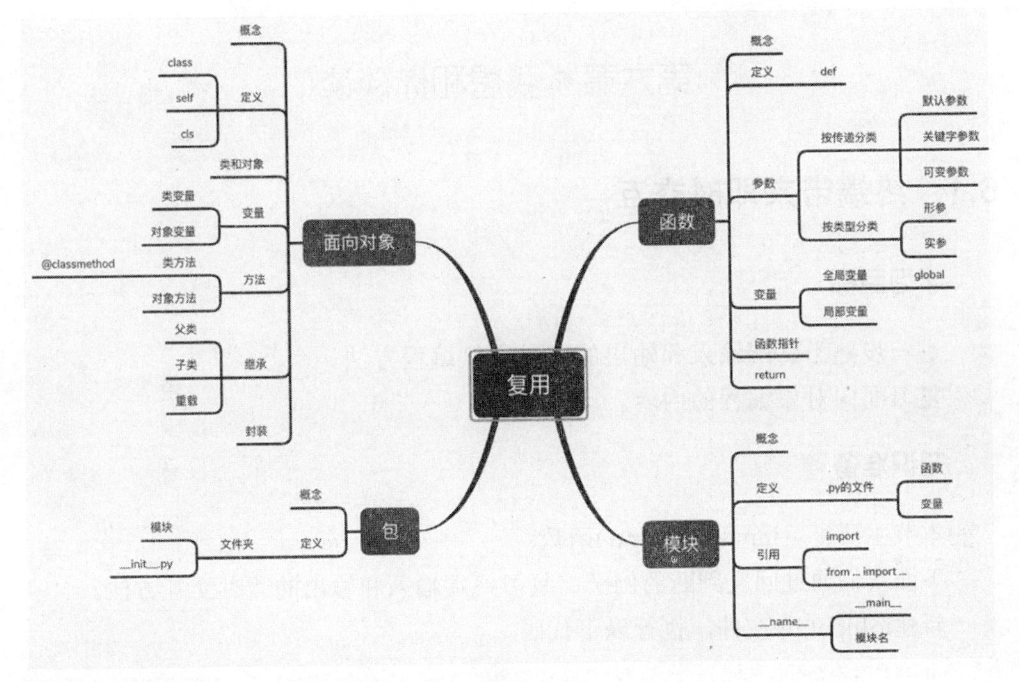

图 5.3

- 包与模块的区别，以及包的_init_.py文件。

最后介绍了面向对象的方法。请重点关注以下内容。

- 理解类和对象的概念，它们之间有什么不同。
- 类变量、数据成员、方法重写、局部变量、实例变量、继承、实例化、方法、对象的概念。
- 如何创建类。
- 如何继承类。
- 类的属性与方法、私有方法如何定义。

如果你对上面的问题和思维导图中的知识都已经了然于心，那么你可以继续学习下一章的内容了。如果很多问题都回答不上来，那么建议你带着这些问题再次学习本章内容。

第六章　我想和你谈谈

6.1　终端带来即时交互

学习目标

进一步熟悉终端输入和输出的即时交互编程方法。
复习面向对象编程的内容。

知识准备

本节主要复习input()和print()函数。
下面我们通过回文判断的例子，复习终端输入和输出的即时交互方法。
新建ioInput.py文件，执行以下代码。

```
def reverse(text):
  return text[::-1]  #内容翻转
def is_palindrome(text):
  return text == reverse(text)
something = input("输入一段文字：")
if is_palindrome(something): #判断是否为回文
  print("是的，这是一段回文")
else:
  print("不，这不是一段回文。")
```

input()函数可以接收一个字符串作为参数，并将其展示给用户。用户从键盘输入了某些内容并按回车键后，input()函数将返回用户输入的内容。

我们将获得的文本内容进行翻转，如果原文本与翻转后的文本相同，则说明这一文本为回文，运行结果如图6.1所示。图中“我为人人 人人为我”为输入内容。

```
输入一段文字：我为人人 人人为我
是的，这是一段回文。
```

图 6.1

挑战问题

编写一个Python程序MoveStar.py，该程序会在字符终端1~24之间的位置随机打印出一个星号，并提示“请输入移动星号的指令（L/l or R/r）：”。如果用户输入L并按回车键，星号就会向左移动一个字符的位置，并将结果重新输出；如果用户输入R并按回车键，星号就会向右移动一个字符的位置，并将结果重新输出。程序会循环提醒用户输入指令。直到用户输入“EXIT”，程序才会退出，如图6.2所示。图中“r”“l”“EXIT”为输入内容。

```
....*.....
请输入移动星号的指令（L/l or R/r）: r
.....*....
请输入移动星号的指令（L/l or R/r）: r
......*...
请输入移动星号的指令（L/l or R/r）: l
.....*....
请输入移动星号的指令（L/l or R/r）: l
....*.....
```

图 6.2

要求采用面向对象的方法编写该程序，实现的过程中至少要定义一个类。

注意：请在 10 分钟内闭卷完成本“挑战问题”。如果第一次不能闭卷完成或者完成时间超时，请将编写的程序删除后重做一次。

难点提示

注意星号不能移动出边界，注意检查星号在边界位置的情况，也就是要关注星号移动到第一个字符的位置和最后一个字符位置的情况。

星号移动到第一个字符的位置后，将不能再向左移动；星号移动到最后一个字符的位置后，将不能再向右移动。

随机数的产生，可以参考4.6节小练习。

如有需要，建议复习4.5节中关于字符串操作的相关内容。

思考拓展

如果星号是在一个10×10的空间中移动，如何增加向上和向下的指令呢？

6.2 文件适用于批量交互

学习目标

学习文件的读写。

复习字符串处理。

知识准备

文件的读写最重要的三个步骤：打开文件、读写文件、关闭文件。

打开文件

打开文件最简单，也最为常用。Python中直接使用open(filename, mode)方法就可以打开文件，其中filename参数用于传递文件的路径名，mode参数用于指示文件打开的方式。

下面举例说明。

```
fileForRead = open("input.txt","r")
```

上面的代码是以只读的方式打开文件。open()函数会返回一个值，这个值一般被称为文件的操作句柄或者文件对象。请务必把这个值保存到一个变量中。后续关于文件的所有操作都是通过这个变量进行的。

```
fileForWrite = open("output.txt","w")
```

上面的代码是以只写的方式打开文件，注意只读和只写方式打开文件的区别。

只读：文档或属性只能读取，不能修改也不能储存。

只写：只能向文件中输入，不能查看文件的内容。

读写文件

文件分为文本文件和二进制文件，这里只介绍文本文件。

读文本文件，重点介绍两个方法：file.readline()和file.readlines()。

file.readline()会读取文件的一行内容，并返回一个包含这一行内容的字符串。

file.readlines()会读取文件的所有行，并返回一个列表。列表中的每一个元素都都对应文件中的一行内容。

文件以文本形式打开后，文件对象可以作为一个可遍历的变量，类似于列表，通过for语句进行遍历访问。下面我们举个例子，新建inputFiles.py文件，运行以下代码。

```
file = open("input.txt","r")
inputFile = file.readlines()
for line in inputFile:
    print(line)
```

file.write(string)方法会将参数string中包含的字符串写入到file文件对象对应的文件中，该文件一定要用只写的方式打开。

注意：file.write()方法并不会向print()方法一样自动换行。写入字符串后，如果希望字符串独立成为一行，需要在字符串的后面自行增加回车换行符。

```
fileForWrite.write(line+"\n")
```

关闭文件

文件操作完毕后，务必要调用close()方法，将文件进行关闭。

```
fileForRead.close()
fileForWrite.close()
```

挑战问题

创建一个input.txt文件，文件中每一行都有一个数字。

比如input.txt文件有以下的内容。

```
2
5
 233
 345
 544
 693
459
8
6
4
92
```

请编写Python程序，实现以下功能。程序打开文件后，获取文件每行的数字，并将其翻译为FizzBuzz后，对应地写入另一个文件output.txt中。FizzBuzz的转换规则同4.6节的“挑战问题”，即如果数字能被3整除，则在output.txt文件的对应行写入“Fizz”；如果数字能被5整除，则在output.txt文件的对应行写入“Buzz”；如果数字同时能被3和5整除，则在output.txt文件的对应行写入“FizzBuzz”；其他情况在output.txt文件的对应行写入原数字。

文件中每一行都有一个数字，但是数字的前面或者后面可能有空格。

经过处理后，output.txt文件增加了以下的内容。

```
2
Buzz
233
FizzBuzz
544
Fizz
Fizz
8
Fizz
4
92
```

要求采用面向对象的方法编写该程序，在实现过程中应至少定义一个类。

注意：请在10分钟内闭卷完成本“挑战问题”。如果第一次不能闭卷完成或者完成时间超时，请将编写的程序删除后重做一次。

难点提示

考虑将FizzBuzz的运算封装到一个类中，比如定义一个FizzBuzz类，并给类定义一个方法getFizzBuzz(self,number)。该方法接收一个前后可能包含空格的数字字符串作为输入，返回一个经过转换的FizzBuzz字符串作为输出。

知识点

语言基础知识要点

文件的打开、读写和关闭用到的函数：

- open()
- readline()
- readlines()
- write()
- close()

拓展

从本书资源包中下载6.2文件夹，找到expansion.data文件，尝试通过该文件读取一个8个字节的二进制无符号长整型（unsigned long long）数据。

6.3 异常处理

学习目标

学习异常处理的使用，避免程序因为异常场景或者异常数据而崩溃。

知识准备

区分错误和异常，并且学会如何处理异常和抛出异常。

来自“Python 之禅”的忠告

1.2节的“Python之禅”提到：

“所有错误都不应该被直接忽略，除非在能够被精确地捕获之后。”

在处理异常的时候，建议你尽量精确地处理异常情况，而不是简单粗暴地将异常直接打印，反馈给用户。

常见的异常

exception IndexError索引错误异常。

访问元组或者列表的元素时，超出索引范围，即出现越界访问的时候，会出现这个异常。

```
>>> list = [1,2,3]
>>> list[0]
1
>>> list[3]
Traceback (most recent call last):
 File "<stdin>", line 1, in <module>
IndexError: list index out of range
>>>
```

exception KeyError，键错误异常。

被访问的字典中不存在要访问的键元素的时候，会出现这个异常。

```
>>> dictExample = {'name':'Akui','email':'a_kui@163.com'}
>>> dictExample['abcdefg']
Traceback (most recent call last):
 File "<stdin>", line 1, in <module>
KeyError: 'abcdefg'
>>>
```

exception NameError，名字错误异常。

本地或者全局变量不存在的时候，会出现这个异常。

```
>>> name = var
```

```
Traceback (most recent call last):
 File "<stdin>", line 1, in <module>
NameError: name 'var' is not defined
>>>
```

exception SyntaxError，语法错误异常。

解释器发现一个语法错误的时候，会出现这个异常。

```
>>> '2' x 2
 File "<stdin>", line 1
  '2' x 2
    ^
SyntaxError: invalid syntax
```

exception TypeError，类型错误异常。

操作的对象类型不匹配时，会出现这个异常。

比如下面的代码，字符串'2'和数字2之间进行加法操作的时候，由于两个数据类型之间不能进行加法操作，就会出现TypeError异常。

```
>>> '2'+2
Traceback (most recent call last):
 File "<stdin>", line 1, in <module>
TypeError: can only concatenate str (not "int") to str
>>>
```

exception ValueError，值错误异常。

内建函数的参数类型是正确的，但在参数的内容不恰当，并且这种情况又不能被其他异常类型精确地描述时，会产生这个异常。

```
>>> number = int('abc')
Traceback (most recent call last):
 File "<stdin>", line 1, in <module>
ValueError: invalid literal for int() with base 10: 'abc'
>>>
```

exception ZeroDivisionError，零除异常。

当除法或者模运算的第二个参数为零的时候，会产生这个异常。

```
>>> 1/0
Traceback (most recent call last):
 File "<stdin>", line 1, in <module>
ZeroDivisionError: division by zero
>>>
```

异常处理相关语句

try…except…else…finally

异常处理的执行顺序可以用一张图进行总结，如图6.3所示。可能出现异常的程序放在try下面执行。如果程序发生了异常，则中断当前执行代码，执行except中的代码。如果没有异常时，则会执行else中的语句。无论是否有异常都要执行finally语句中的代码。

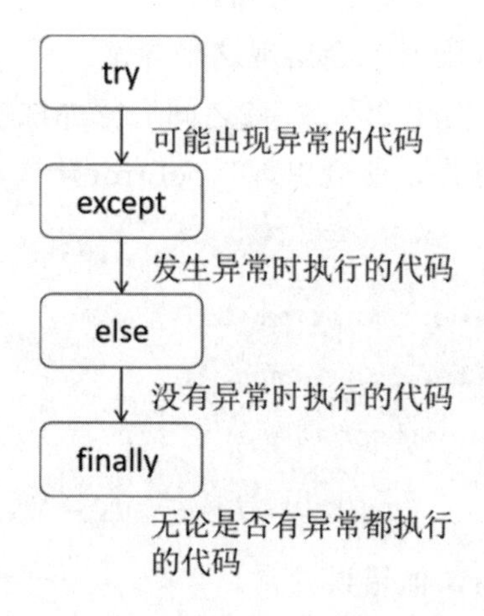

图 6.3

挑战问题

本节的“挑战问题”同6.2节，但是要增加一种容错能力。当输入文件的某一行内容中包含了不能转换为数字的字符串时，则在输出文件的对应行写入一个“Exception”。其他要求与6.2节的“挑战问题”相同。

input.txt文件存在以下的内容。

```
2
```

```
5
 233
 345
 544
 akui
459
8
6
4
92
```

文件中每一行都有一个数字，但是数字的前面或者后面可能有空格，也有可能包含不能转换为数字的字符串。文件第6行中出现了不能转换为数字的字符串，在输出文件的第6行要输出“Exception”。

处理后，输出文件output.txt增加了以下内容。

```
2
Buzz
233
FizzBuzz
544
Exception
Fizz
8
Fizz
4
92
```

注意：请在10分钟内闭卷完成本“挑战问题”。如果第一次不能闭卷完成或者完成时间超时，请将编写的程序删除后重做一次。

知识点

语言基础知识要点

异常处理的常用句式：

- try…except。
- try…except…finally。

可以同时存在多个 except。

拓展

仔细阅读下面的代码，推测运行后的输出是什么，并写下来。

```
def testTry1():
  try:
    return 0
  except(Exception):
    return 1
  finally:
        return 2
def testTry2():
  try:
    raise Exception
    return 0
  except(Exception):
    return 1
  finally:
        return 2
def testTry3():
  try:
    '2'+2
    return 0
  except(Exception):
    return 1
```

```
    finally:
            return 2
def testTry11():
    try:
        return 0
    except(Exception):
            return 1
def testTry21():
    try:
        raise Exception
        return 0
    except(Exception):
            return 1
def testTry31():
    try:
        '2'+2
        return 0
    except(Exception):
        return 1

if(__name__ == '__main__'):
    print(testTry1())
    print(testTry2())
    print(testTry3())
    print(testTry11())
    print(testTry21())
    print(testTry31())
```

运行上面的程序，将自己写下来的输出结果与实际的运行结果进行对比，看看是否一致？如果不一致，想一下为什么？

第三部分　初识单元测试

第七章　认识单元测试

7.1　单元测试介绍

2.2节介绍了自动化测试类型的相关概念，单元测试处于测试分层的底层。按照测试金字塔理论，单元测试是自动化案例编写和资源投入最大的一部分，也是需要频繁执行的测试。

这里首先要介绍一下单元测试的概念。

单元测试（unit testing），是指对软件中的最小可测试单元进行检查和验证。一般来说，要根据实际情况去判定单元测试中单元的具体含义，如C语言中单元指一个函数，Java中单元指一个类，图形化的软件中可以指一个窗口或一个菜单等。对于Python语言来说，单元测试用于对一个模块、一个函数或者一个类进行正确性检验。

如果对Python内置的abs()函数进行测试，按照测试边界值和等价类等方法，可以编写以下的测试用例，如表7.1所示。

表 7.1 abs()函数单元测试分析

测试类别	测试用例	期　望
正数	1、1.5、0.01	返回值与输入相同
负数	-1、-1.2、-0.99	返回值与输入相反
0	0	0
非数值类型	None、""、{}	TypeError

把这些测试用例放到一个测试模块里，就是一个完整的单元测试。

如果单元测试通过，说明测试的abs()函数可以正常工作。如果单元测试不通过，可能是函数代码有bug，也可能是测试条件输入错误。总之，需要修复使单元测试能够通过。

单元测试通过后有什么意义呢？如果我们对abs()函数代码做了修改，只需要再运行一遍单元测试。如果通过，说明我们修改的内容不会对abs()函数原有的功能造成影响；如果测试不通过，说明我们修改的内容与原有功能不一致，这时我们就要提高警惕，需要认真排查。

这种以测试为驱动的开发模式的最大的好处就是确保一个程序模块的行为符合我们设计的测试用例。将来修改的时候，我们可以极大程度地保证该模块行为仍然是正确的。

最后给大家整理一下我们开展单元测试的几条经验。

（1）单元测试能够有效地测试某个程序模块的行为，是未来重构代码的信心保证。

（2）单元测试的测试用例可以覆盖常用的输入组合、边界条件和异常。

（3）单元测试代码要尽可能简单。

（4）单元测试通过了，并不意味着程序就没有bug了；但是单元测试不通过，程序肯定有bug。

7.2 引入测试框架的意义

学习目标

了解引入测试框架的意义。

知识准备

测试框架

以下代码是一个加法函数，用于根据输入的两个参数num1和num2，返回一个字符串等式。

```
def add(num1, num2):
  return '{0} + {1} = {2}'.format(num1, num2, num1 + num2)
```

为了测试这个函数，我们需要编写一个程序，调用这个函数并验证其结果是否符合预期。新建一个test.py的文件，执行以下代码。

```
#!/usr/bin/python
# -*- coding: utf-8 -*-
def add(num1, num2):
  return '{0} + {1} = {2}'.format(num1, num2, num1 + num2)
if(__name__ == '__main__'):
```

```
if('1 + 2 = 3' == add(1,2)):
  print('测试通过')
else:
  print('测试不通过')
```

每次编写测试案例都要额外增加上面这些的代码，这样做会导致代码重复，并且代码的可读性和可维护性也不好。

为了解决这个问题，我们需要使用一个单元测试框架。

单元测试框架可以为测试案例的编写提供必要的辅助和支持，使测试的代码具有更好的可读性和可维护性。

dir()函数

在Python 3.6版本中包含68个内建函数。dir([object])函数便是其中一个很重要的内建函数。

没有参数的时候，dir()函数返回一个包含当前作用域下所有名字的列表；当有一个参数的时候，dir()函数会尝试返回参数对象的所有的有效属性组成的列表。

```
>>> dir()
['__annotations__', '__builtins__', '__doc__', '__loader__', '__name__', '__package__', '__spec__']
#定义一个 Test 类
>>> class Test:
...   def methodA(self):
...     pass
...
#声明一个 Test 类的 test 对象
>>> test = Test()
>>> dir(test)
#带有两个下画线开头的都是私有的预定义变量或者方法，注意查找是否有我们在上面代码中自定义的 methodA 方法。
['__class__', '__delattr__', '__dict__', '__dir__', '__doc__', '__eq__', '__format__', '__ge__', '__getattribute__', '__gt__',
```

```
'__hash__', '__init__', '__init_subclass__', '__le__', '__lt__',
'__module__', '__ne__', '__new__', '__reduce__', '__reduce_ex__',
'__repr__', '__setattr__', '__sizeof__', '__str__',
'__subclasshook__', '__weakref__', 'methodA']
   >>>
```

请编写一个小程序，打印出列表数据类型的所有以i和r开头的方法。

getattr()函数

getattr()函数也是一个很重要的内建函数。

getattr(object, name[, default])

该函数的作用是返回对象中被指定名字的属性的值。name参数必须是一个字符串，如果字符串是对象中的一个属性的名字，则返回该属性的值。如果被指定名字的属性不存在，而存在default参数的时候，则返回default参数指定的值；如果属性和default参数都不存在，则会报一个AttributeError错误。

如果字符串对象是一个方法的名字，则会返回这个方法的指针。

```
>>> class Test:
...   def methodA(self):
...     print('这个方法是 methodA')
...     pass
...
>>> test = Test()
#获取 test 对象的 methodA()方法的方法指针
>>> method = getattr(test,'methodA')
>>> method()
这个方法是 methodA
>>> method = getattr(test,'methodB')
Traceback (most recent call last):
 File "<stdin>", line 1, in <module>
#找不到 test 对象的 methodB()方法，没有提供默认的返回值，所以报错了
AttributeError: 'Test' object has no attribute 'methodB'
```

```
>>> method = getattr(test,'methodB','methodA')
>>> method()
Traceback (most recent call last):
 File "<stdin>", line 1, in <module>
TypeError: 'str' object is not callable
#默认值是一个字符串，所以，当 methodB 方法或者属性都找不到的时候，就返回了一个字符串“methodA”
>>> method
'methodA'
#设置默认值为 test 对象的 methodA()方法
>>> method = getattr(test,'methodB',getattr(test,'methodA'))
#此时，虽然 methodB 仍然找不到，但是不会报错，会返回默认的 methodA()方法
>>> method()
这个方法是 methodA
>>>
```

挑战问题

实现一个简易的自动化测试框架TestFrame类，其文件名为testFrame.py。该类可以让其他开发者继承，用于创建一个自动化测试案例的子类（如MyTestCase类）。在该子类中，开发者可以使用以test开头的方法来编写具体的测试案例。测试案例编写完成后，通过实例化该子类，并运行继承自父类(TestFrame)的runTest()方法，开发者就可以运行该子类中定义的所有以test开头的方法。

要求在自动化测试框架的父类TestFrame中实现一个assertEqual (expected, tested)方法，该方法可以判断第二个参数tested是否与第一个参数expected相等：

- 如果相等就输出“【方法名字】测试通过!”；
- 如果不相等就输出“【方法名字】测试失败! 预期结果是：1 + 2 = 3，实际结果是：1 + 1 = 2”。

在MyTestCase.py文件中，新建MyTestCase类，运行以下代码。

```
from testframe import *
def add(num1, num2):
  return '{0} + {1} = {2}'.format(num1, num2, num1 + num2)
```

```
class MyTestCase(TestFrame):
  def testAdd(self):
    self.assertEqual('1 + 2 = 3',add(1,2))
  def testAdd2(self):
    self.assertEqual('1 + 2 = 3', add(1, 1))
if(__name__ == '__main__'):
  testcase = MyTestCase()
  testcase.runTest()
```

完成自动化测试框架TestFrame类(文件名为testframe.py)的编写之后，将其放在与MyTestCase.py相同的目录下，然后运行MyTestCase.py，会得到如图7.1所示的输出结果。

```
testAdd 测试通过!
testAdd2 测试失败! 预期结果是: 1 + 2 = 3 ,实际结果是: 1 + 1 = 2
```

图 7.1

注意：请在10分钟内闭卷完成本“挑战问题”。如果第一次不能闭卷完成或者完成时间超时，请将编写的程序删除后重做一次。

知识点

语言基础知识要点

（1）dir()和getattr()方法的使用。

（2）self变量的含义。

7.3 unittest初探

学习目标

掌握用unittest测试Python类。

知识准备

unittest是Python中最流行的单元测试框架之一，已经被集成到Python标准库。下面对unittest进行入门级介绍。

unittest 的概念

unittest单元测试框架的灵感来自Java语言的主要测试框架Junit。unittest支持测试自动化，在测试案例之间共享测试准备和测试清理代码，支持将测试案例分组聚合管理以及测试案例与报告框架独立。

为了实现以上目标，unittest通过面向对象的方式支持以下重要的概念。

1．测试夹具

测试夹具是执行测试方法前所需要做的准备工作和测试方法完成后所有清理活动的统称，包括创建临时数据库、数据库代理、文件目录或启动服务进程。

实际上，测试夹具就是通常所说的setUp和tearDown，setUp用来进行测试准备工作，tearDown用来进行测试清理工作。在下面的代码里，我们会对这两个词有更直观的认识。

2．测试案例

一个测试案例就是一个独立的测试单元。它会检查被测试对象在一系列特定的输入后，是否给出特定的响应。unittest提供了一个基类TestCase，这个类可以用来创建新的测试案例。

也就是说，unittest里所有的测试案例都继承自TestCase类。

3．测试套件

测试套件是一些测试案例或者测试套件的集合，用来将一些需要一起执行的测试案例聚合在一起，以方便执行。

4．测试运行器

测试运行器是一个组件，可以编排多个测试案例的执行并且给使用者提供执行后的输出。该组件可以是图形界面、字符界面，或者通过返回一个特定值来表示测试案例的执行结果。

第一个 unittest 类

新建一个unittest1.py文件，执行以下代码。

```
import unittest
def addnum(num1,num2):
  return num1+num2
class TestComputer(unittest.TestCase):
  #应该支持负数
  def test_should_good_for_negative_number(self):
    self.assertEqual(0,addnum(-1,1))
  #应该支持大于10000000000的数
  def test_should_good_for_bignum_morethan_10000000000(self):
    self.assertEqual(10000000001,addnum(1,10000000000))
  #应该支持小于-10000000000的数
  def
test_should_good_for_bignegativenum_morethan10000000000(self):
    self.assertEqual(-10000000001,addnum(-1,-10000000000))


if __name__=='__main__':
  unittest.main()
```

上面的代码首先定义了addnum()的函数，然后定义了TestComputer测试类，这个类中定义的三个方法对应三个针对addnum()函数的测试案例，测试意图参见代码中的注释部分。

上面代码中最后一个条件判断语句的目的是为从命令行运行测试案例提供支持。当用户从命令行运行 Python 代码的时候，__name__变量会被赋值为'__main__'。此时，调用 unittest.main()方法，就会将上面 TestComputer 中定义的所有测试案例都执行一遍。

上面代码使用assertEqual()方法检查被测试对象在一系列特定的输入后是否会给出特定的响应。assertEqual()方法只是assert家族中的一个，表7.2列出了一些assert家族常用的方法。

表 7.2

方　法	等价于	描　述
assertEqual(a, b)	a == b	是否相等
assertNotEqual(a, b)	a != b	是否不相等
assertTrue(x)	bool(x) is True	是否为真
assertFalse(x)	bool(x) is False	是否为假
assertIs(a, b)	a is b	是否相同
assertIsNot(a, b)	a is not b	是否不同
assertIsNone(x)	x is None	是否是 None
assertIsNotNone(x)	x is not None	是否不是 None
assertIn(a, b)	a in b	a 是否在 b 里
assertNotIn(a, b)	a not in b	a 是否不在 b 里
assertIsInstance(a, b)	isinstance(a, b)	a 是否是类型 b
assertNotIsInstance(a, b)	not isinstance(a, b)	a 是否不是类型 b

当assert方法为真，即结果为是的时候，测试案例会通过；反之，测试案例不通过。

运行 unittest

在PyCharm开发工具中找到测试类定义的行，如上面代码中“class TestComputer (unittest.TestCase):”所在的行，单击鼠标右键，单击绿色三角按钮，就可以运行当前测试类中的所有测试案例，如图7.2所示。

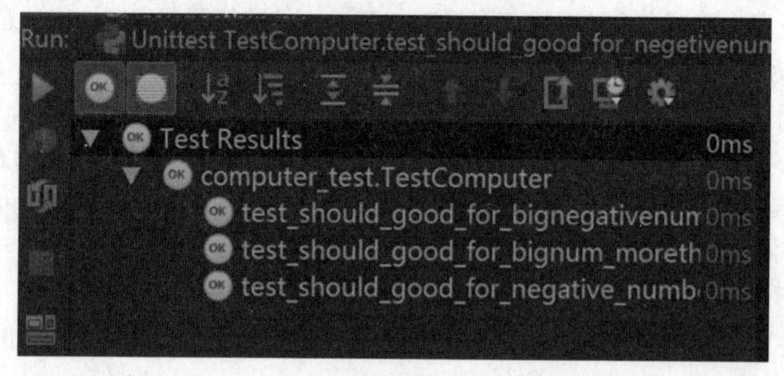

图 7.2

在某个测试案例方法上单击鼠标右键，选择“unittest in unittest1.TestComputer.案例名”，就可运行当前选定的测试案例，如图7.3所示。

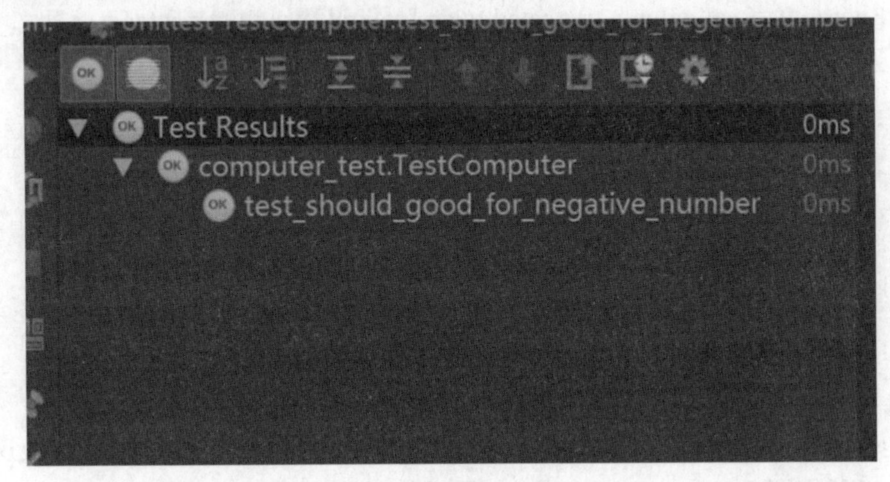

图 7.3

unittest有两种运行方法。一种是在PyCharm中运行，一种是通过命令行运行。通过命令行运行测试案例的内容在7.4节再做介绍。

math 模块

通过5.2节的学习，我们已经知道了模块的概念，并且已经编写过一个模块。下面向大家介绍math模块。

math模块是一个Python自带的模块，主要提供针对C标准库中定义的数学功能的相关函数。

下面介绍两个math模块的常用功能。

math.fabs(x)

Return the absolute value of x.

返回x的绝对值。

```
>> import math
>>> math.fabs(-3)
3.0
```

math.trunc(x)

Return the Real value x truncated to an Integral (usually an integer).
返回实数x的整数部分。

```
>>> import math
>>> math.trunc(3.5)
3
```

isinstance()函数

isinstance()函数用于判断一个对象是否是一个已知的类型，其语法为：

```
isinstance(object,classinfo)
```

如果object参数是一个classinfo参数的实例（或者是其子类）时，该函数返回True；否则，返回False。如果classinfo是一个元组类型时，object参数是元组中任何一个元素对应的类型的实例，该函数会返回True。如果classinfo是一个不存在的类型时，该函数返回一个TypeError类型的错误。

```
>>> num1 = 4
>>> str1 = 'hello'
>>> isinstance(num1,int)
True
>>> isinstance(str1,int)
False
>>> isinstance(str1,str)
True
>>> isinstance(str1,string)
Traceback (most recent call last):
 File "<stdin>", line 1, in <module>
NameError: name 'string' is not defined
>>> isinstance(str1,'string')
Traceback (most recent call last):
 File "<stdin>", line 1, in <module>
TypeError: isinstance() arg 2 must be a type or tuple of types
```

注意体会上面两个不同错误出现的原因。

type(object)函数

当我们使用一个变量（对象的引用）时，如何知道这个对象是什么类型呢？这时候就要用到type()函数。

type()函数中只传入一个参数时，会返回该参数对应的类型。该返回值是一个类型对象，与 object.__class__的返回值一致。

```
>>> num1 = 4
>>> str1 = 'hello'
>>> type(num1)
<class 'int'>
>>> num1.__class__
<class 'int'>
>>> type(str1)
<class 'str'>
```

挑战问题

编写一个Python的unittest程序TestMyCalculator.py，对5.3节中运算器类MyCalculator的除法方法divide()进行测试。测试案例的执行如图7.4所示。

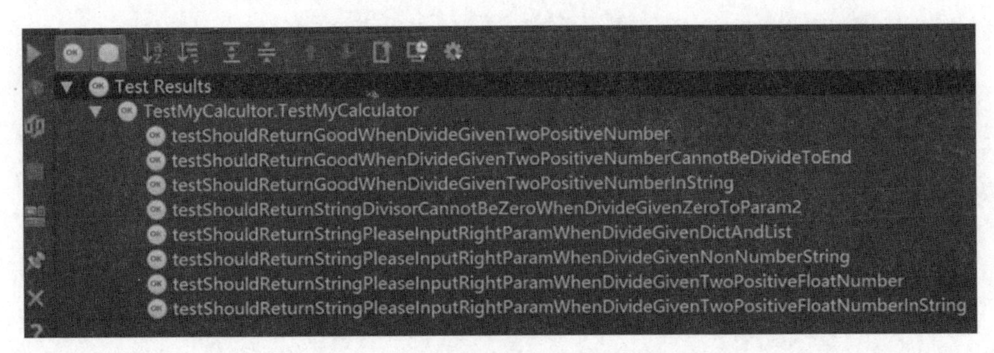

图 7.4

现在MyCalculator类的divide()方法需满足以下要求：

- 除法运算得到的结果，要用去尾法取整（去尾法是去掉数字的小数部分，取其整数部分的常用的数学取值方法）。

- 当被零除的时候，返回字符串“除数不能为零”，不要直接抛ZeroDivisionError异常到输出界面。
- 当输入的参数为字符串类型时，如果该字符串能够正确地转换为整数型，则将其转换为整数型，并继续后续处理。
- 输入的参数既不是整数型，又不是能够转换为整数型的字符串时，返回字符串“请输入正确的参数，参数必须是整数型或者可以转换为整数型的字符串”。

请按照以下步骤解决“挑战问题”：

（1）假设MyCalculator类的divide()方法已经满足了要求。

（2）以测试人员的视角考虑一下，为了全面测试这个divide()方法至少需要多少个测试案例。

（3）编写单元测试案例，暂时不要修改MyCalculator类的代码。

（4）运行测试案例时，不要产生异常和错误。

（5）根据测试案例的运行情况，修改MyCalculator类的divide()方法，让没有通过的测试案例都一一通过。

如果针对divide()方法设计的测试案例少于8个，请好好思考上面的要求，复习测试案例的编写方法后，重新设计。

注意：请在10分钟内闭卷完成本“挑战问题”。如果第一次不能闭卷完成或者完成时间超时，请将编写的程序删除后重做一次。

难点提示

语言基础知识要点

（1）unittest中最核心的四个概念：test fixture，test case，test suite，test runner。四个概念可以用图7.5来解释。

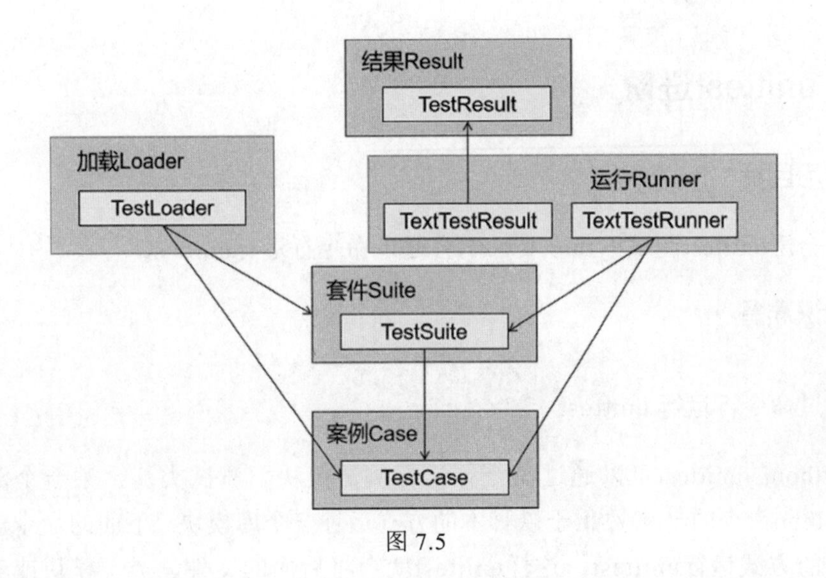

图 7.5

一个TestCase的实例就是一个测试用例。测试用例就是一个完整的测试流程，包括测试前准备环境的搭建（setUp），执行测试代码（run），以及测试后环境的还原（tearDown）。单元测试的本质也就在这里，一个测试用例是一个完整的测试单元，通过运行这个测试单元，可以对某一个问题进行验证。而多个测试用例集合在一起，就是TestSuite，而且TestSuite也可以嵌套TestSuite。

TestLoader 是用来加载 TestCase 到 TestSuite 中，其中 loadTests From__()方法会从各个地方寻找 TestCase，并将其加入到 TestSuite 中，然后返回这个 TestSuite 实例。

TextTestRunner是来执行测试用例的，其中的run(test)会执行TestSuite和TestCase中的run(result)方法。

测试的结果会保存到TextTestResult实例中，包括运行了多少测试用例、成功了多少、失败了多少等信息。test fixture用于搭建和销毁测试用例环境。

（2）每个测试方法均以test开头，否则不能被识别。

（3）Python有很多单元测试框架，建议你聚焦其中一个，例如本书推荐的unittest框架。

（3）try…except…是用来捕获代码中的异常。

（4）isinstance()方法用来判断一个变量的类型。

（5）math.trunc()方法用来对一个数值采用去尾法取整。建议你了解math库的其他方法，这将有助于帮助你解决数值计算类问题。

7.4 unittest进阶

学习目标

学会用unittest测试Python类，学会通过命令行运行unittest。

知识准备

通过命令行运行 unittest

Python的unittest可以通过命令行运行测试模块、测试类甚至某一个测试方法。Python命令的-m参数用于以脚本的方式运行一个库模块。下面的命令就是以命令行的方式运行unittest，这样unittest就会将后面的文件、类、模块或者方法作为单元测试来运行，并且给出输出结果。

```
python -m unittest test_module1 test_module2
python -m unittest test_module.TestClass
python -m unittest test_module.TestClass.test_method
python -m unittest tests/test_something.py
```

-v参数可以在运行测试案例的时候显示更多的细节。

```
python -m unittest -v test_module
```

通过上面的学习，请在自己的源代码路径下，尝试使用命令行运行已经编写的测试案例。

下面介绍Python通过命令行运行unittest的格式。

```
python -m unittest [-h] [-v] [-q] [--locals] [-f] [-c] [-b]
                   [tests [tests ...]]
```

其中tests参数是多个测试模块、测试类或者测试方法的列表。此外还有两个常用的可选参数。

```
-v, --verbose  显示详情
-f, --failfast 在第一个失败或者报错的案例处停止执行
```


unittest支持测试案例的自动发现，可以使用discover子命令。

```
python -m unittest discover [-h] [-v] [-q] [--locals] [-f] [-c]
                  [-b] [-s START] [-p PATTERN] [-t TOP]
```

作为一种简写形式，python -m unittest语句和python -m unittest discover语句是等同的。下面介绍其他可选参数。

```
-v,--verbose 显示详情
-s,--start-directory directory 从指定的开始目录启动发现
-p,--pattern pattern 采用模式匹配测试文件名的方式发现
-t,--top-level-directory directory 指定项目的最高层目录
```

其中-s、-p和-t参数是可以省略不写的，但是参数后面指定的具体内容必须按照上述顺序指定。

测试案例编写补遗

单元测试案例类需要继承自unittest.TestCase类。

- setUp()方法用来进行测试准备工作。
- tearDown()方法用来进行测试清理工作。

请自行学习以下几个方法：

- setUpClass()
- tearDownClass()
- setUpModule()
- tearDownModule()

小练习

通过查找资料，学习如何采用@skip修饰符跳过一个测试案例或一个测试类的执行。找到一个自己写的测试类，在其中一个测试方法定义的前一行增加@skip修饰符，运行一下整个测试类，检查该测试方法是不是真的被跳过了。

知识点

语言基础知识要点

（1）Python通过命令行运行unittest及discover子命令的使用。

（2）测试案例的命名也是一种学问，好的命名可以让测试案例一目了然，可以采用“test+ShouldReturn[预期结果]+When[被调用的方法]+Given[输入的参数]”的格式命名测试案例。

（3）一个测试案例最好只有一个测试场景，测试结果会更加清晰，也易于问题定位。

（4）测试案例也要注意代码的简洁，避免重复。

拓展

命令行不带-v参数运行unittest的时候，每一个点号（.）代表一个成功案例，那么不成功时会显示出什么呢？请编写代码尝试。

第四部分　接口测试基础

第八章　接口测试的崛起

8.1　接口测试简介

首先介绍一下接口的概念。

接口，指两个不同系统或一个系统中两个特性不同的部分相互连接的部分。

在计算机领域中，接口是指计算机系统中两个独立的部件进行信息交换的共享边界。而接口测试是针对系统间或者系统的组件间的接口的一种测试，意在测试特定接口在给定输入下的行为与预期行为之间的符合性。

要对接口进行测试，首先要了解接口协议。

接口协议指通信双方之间需要遵从的通信方式和要求。

随着互联网的发展，因系统之间、系统的组件之间集成的需要，出现了很多类型的接口通信协议。其中最常用的是HTTP协议，因此基于HTTP协议的接口测试也逐渐成为接口测试的主要应用场景。

HTTP（HyperText Transfer Protocol），通常被翻译成超文本传输协议。HTTP本身已经包含了协议（Protocol）的意思，只是在中文里大家习惯上将HTTP所代表的协议也称为HTTP协议。关于HTTP协议的详细内容，在本书第九章会有详细的阐述。

接口定义是对接口的功能、调用的前提条件、调用的方法以及接口返回内容的描述，是接口测试案例编写的基础。

本书针对HTTP协议接口的定义给出了接口描述的“八个问题”，称之为“接口八问”。

这八个问题分别是：

- 接口的请求地址是什么？
- 接口的功能描述是什么？
- 请求接口是 GET 还是 POST？
- 接口需要在登录情况下才有用吗？
- 接口有上送数据吗？上送的数据是什么？
- 接口返回的状态码是多少？
- 接口返回报文体的格式和编码是什么？
- 接口返回的内容是什么？

针对一个给定的HTTP接口，要回答以上的八个问题并非易事，需要具备一定的技能。同样，在此基础上，能够利用Python完成针对这个给定的HTTP接口的自动化测试案例的编写，就更需要掌握包括Python语言、HTTP协议以及Requests库等一系列知识和技能。通过对本书后续章节的学习，我们会一一掌握上述的知识和技能。

8.2 Ajax接口与Web动静分离

当前，越来越多的应用产品都是采用B/S结构设计的。所谓B/S结构，简单来说，就是每个使用者都通过浏览器（如：Chrome、Firefox、Safari和IE等）来访问和使用应用产品提供的服务，不需要用户安装单独的客户端。与B/S相对应的是C/S结构，C/S结构要求应用产品有单独的客户端供用户使用，比如PC机上使用的QQ就是一个典型的C/S结构的应用产品，每个用户都要安装QQ客户端，然后，才能使用后台服务提供的通信和交互功能。

B/S结构的应用架构经历了长时间的发展，从最开始的CGI后台编码方式，到后来的ASP、JSP等混合编码方式，再到当前流行的动静分离Web架构。B/S结构的应用产品架构随着互联网应用的发展也在逐步发展和演变。

当前大多数新建的B/S结构的应用产品，如产品和服务类网站等，都会采用动静分离的Web架构，有的也叫前后台分离。所谓动静分离，是指动态内容的实现逻辑和静态内容的展示逻辑的分离。具体来说，动静分离是前端界面展示的HTML、CSS和JavaScript代码与实现后台业务逻辑的后台代码（如Java代码）的分离和独立部署。

一个动静分离的Web架构产品需要考虑前后台两部分独立部署的代码如何交互。当前比较流行的前后台交互方式是Ajax接口方式。

Ajax（Asynchronous JavaScript and XML，异步的JavaScript 和 XML），是一种在无须重新加载整个网页的情况下，能够更新部分网页的技术。通过Ajax可以制作出动态性极强的web界面。

Ajax是多种技术的联合使用，其中主要包括两种技术：

（1）通过浏览器中的XMLHttpRequest对象，驱动浏览器和Web后台服务器实现异步的数据交换。

（2）通过JavaScript的DOM操作功能，实现浏览器中已经加载的网页的动态更新，而不需要重新加载整个页面。

我们通常说的Ajax接口一般指通过XMLHttpRequest对象实现的驱动浏览器

与Web后台服务器实现异步数据交换的接口。Ajax接口实际上就是一个普通的HTTP协议接口。通过XMLHttpRequest对象发送的HTTP请求，与通过浏览器地址输入一个URL地址并发送到Web服务端的HTTP请求，并没有什么本质的区别。

8.3 Restful接口

REST是一种互联网软件架构原则，即Representational State Transfer的缩写，由Roy Thomas Fielding在其2000年发表的论文*Architectural Styles and the Design of Network-based Software Architectures*中提出。

表征状态转移（REST）风格是分布式超媒体系统中的架构元素的抽象。REST忽略了组件实现和协议语法的细节，以便聚焦于组件的角色、组件间交互的约束以及对重要数据元素的解释。组件、连接器和数据是定义Web架构的基础，REST涵盖了对这三要素的基本限制。

在REST风格的架构中进行操作时，会将要操作的业务数据作为资源，并给其分配一个固定的URL地址，然后通过HTTP的四个请求方式：POST、DELETE、PUT、GET，分别对业务数据进行增删改查四种操作。

比如，我们有一个客户信息，给定一个URL为http://www.example.com customer，那么，我们可以对这个URL分别发送四个请求方式，对应四个针对某一条业务数据的操作：

- POST 请求 /customer　　创建一个新的客户。
- DELETE 请求 /customer/111　　删除 ID 为 111 的客户。
- PUT 请求 /customer/111　　更新 ID 为 111 的客户的信息。
- GET 请求 /customer/111　　查询 ID 为 111 的客户的信息。

虽然从原理上来说，REST架构风格是无关乎通信协议的，但是在实际使用过程中，绝大部分REST架构组件之间的通信接口，也就是所谓的Restful接口，都是采用HTTP协议作为其通信接口协议的。所以，一个Restful接口的请求，实际上在很多情况下与一个普通的HTTP请求并无本质的区别。

通过对Ajax技术和Restful接口的简单了解，我们可以看到，随着互联网的发展，前台和后台之间、网络应用组件之间的新结构风格和通信机制层出不穷，而HTTP协议在这些新的架构风格和通信机制中扮演了非常重要的基础通信协议的角色。

对于一名测试人员来说，掌握接口测试技能，熟悉HTTP协议，进而掌握HTTP协议下的接口测试已经变得日益重要起来。

第九章 相识前的准备

9.1 JSON格式的通信录

学习目标

学习JSON数据格式。

知识准备

JSON 入门

一个典型的JSON的例子

```
{
"公司":"IT 匠艺教研室",
"员工": [
{ "姓氏":"于" , "名字":"洪奎" },
{ "姓氏":"茅" , "名字":"雪涛" },
{ "姓氏":"孟" , "名字":"丽君" },
{ "姓氏":"白" , "名字":"雪" }
]
}
```

JSON 是什么?

JSON是JavaScript对象表示法（JavaScript Object Notation）。

- JSON 是存储和交换文本信息的语法，类似 XML。
- JSON 比 XML 更小、更快，更易解析。
- JSON 是轻量级的文本数据交换格式。
- JSON 独立于编程语言。
- JSON 具有自我描述性，更易理解。
- JSON 是纯文本。

● JSON 具有层级结构。

JSON 语法规则

● 数据存储在键值对中。
● 数据由逗号分隔。
● 花括号保存对象。
● 方括号保存数组。

JSON 数据的键与值

JSON数据的书写格式是：键值对。
键值对包括字段名称（在双引号中），后面是一个冒号，然后是数值。
举个例子：

```
"firstName" : "Yu"
```

其中"firstName"称之为键（主键），"Yu"是"firstName"键对应的值。
JSON 的值可以是下列数据类型：
● 数字（整数或浮点数）。
● 字符串（在双引号中）。
● 逻辑值（true 或 false）。
● 数组（在方括号中）。
● 对象（在花括号中）。
● null。

JSON 对象与 JSON 数组

JSON对象在花括号中书写，可以包含多个键值对。在Python中对应字典类型。

```
{ "firstName":"Yu" , "lastName":"Hongkui" }
```

上面的语句包含了两个JSON键值对，分别是"firstName":"Yu" 和"lastName":"Hongkui"，如果想访问该JSON对象的"firstName"键的值，可以参考下面的例子。

```
a = {
   "firstName":"Yu",
```

```
  "lastName":"Hongkui"
  }
print(a["firstName"]"Hongkui")
```

JSON数组在方括号中书写，可包含多个对象。

```
a = {
"employees": [
{ "firstName":"Yu" , "lastName":"Hongkui" },
{ "firstName":"Mao" , "lastName":"Xuetao" }]
}
print(a["employees"][0]["firstName"])
```

这里对象 "employees" 是包含两个对象的数组。每个对象代表一条关于人的姓和名的记录。

Python 与 JSON

通过对JSON知识的学习，我们发现，JSON的定义与Python的字典非常相像，但我们要分清两者之间的区别。

- JSON 严格意义上是一个由大括号括起来的数据表示格式，通过键值对的方式将数据组织起来。字典类型是 Python 的一种内建支持的数据类型，与数字类型和列表类型一样。
- JSON 本质上是由一种固有的格式来进行数据表达的字符串，也就是说，JSON 数据就是一种固定格式的字符串，而字典是 Python 的一种数据类型。

JSON和字典数据类型之间可以进行非常方便的数据转换。

json.dumps()函数

json.dumps()函数的作用是将Python的数据结构转换为JSON，其转换表如图9.1所示。

json.dumps()函数有多个参数，其中indent参数和ensure_ascii参数最为常用。

- indent 参数：用于设置格式输出时的缩进占位个数。

● ensure_ascii 参数：默认为 True，这样 UTF-8 格式的非 ASCII 编码内容会被编译成 ASCII 编码输出；如果输出不希望被编译，需要将这个参数设置为 False。

请仔细阅读下面的示例代码和输出，掌握json.dumps()函数的用法。

Python	JSON
dict	object
list, tuple	array
str	string
int, float, int- & float-derived Enums	number
True	true
False	false
None	null

图 9.1

```
>>> dictExample =
{'name':'Akui','age':18,'email':'a_kui@163.com'}
>>> print(dictExample)
{'name': 'Akui', 'age': 18, 'email': 'a_kui@163.com'}
>>> import json
>>> print(json.dumps(dictExample))
{"name": "Akui", "age": 18, "email": "a_kui@163.com"}
>>> print(json.dumps(dictExample,indent=4))
{
  "name": "Akui",
  "age": 18,
  "email": "a_kui@163.com"
}
>>> dictExample = {'name':'阿奎
','age':18,'email':'a_kui@163.com'}
>>> print(dictExample)
{'name': '阿奎', 'age': 18, 'email': 'a_kui@163.com'}
```

```
>>> print(json.dumps(dictExample))
{"name": "\u963f\u594e", "age": 18, "email": "a_kui@163.com"}
>>> print(json.dumps(dictExample,ensure_ascii=False))
{"name": "阿奎", "age": 18, "email": "a_kui@163.com"}
>>> print(json.dumps(dictExample,ensure_ascii=False,indent=4))
{
  "name": "阿奎",
  "age": 18,
  "email": "a_kui@163.com"
}
>>>
```

挑战问题

编写一个Python程序showJson.py，实现以下功能。程序首先打印“请输入您的姓名：”，待用户输入姓名并按回车键后，将打印“请输入您的电话号码：”，待用户输入电话并按回车键后，以JSON格式打印出该用户输入的通信信息。

运行结果如图9.2所示。其中“阿奎”“13901001234”为输入内容。

```
请输入您的姓名：阿奎
请输入您的电话号码：13901001234
{
        "name": "阿奎",
        "phone": "13901001234"
}
```

图 9.2

姓名要支持中文，不能打印乱码。格式要进行美化，不能只打印成这样：“{"name": "阿奎", "phone": "13901001234"}”。

注意：请在 10 分钟内闭卷完成本“挑战问题”。如果第一次不能闭卷完成或者完成时间超时，请将编写的程序删除后重做一次。

知识点

语言知识要点

- Python 用于 JSON 处理的包是 json，使用前一定要先引入进来。
- Python 语言的字典和 JSON 都是以键值对形式存储的。字典的键和值之间用冒号分隔，JSON 的键和值之间也用冒号分隔。
- json.dumps()函数用于将 Python 数据转换为一个 JSON 格式的字符串。

9.2 状态码的五个分类

学习目标

学习HTTP状态码的含义，理解状态码的五个分类。

知识准备

HTTP状态码（HTTP Status Code），是网页服务器返回给浏览器的用于表示响应状态的代码。状态码由三个十进制数字组成。状态码的第一个数字定义了状态码的类型，一共有五种响应状态类型。

五种响应状态分别是：

- 1XX信息，服务器收到请求，需要请求者继续执行操作。
- 2XX成功，操作被成功接收并处理。
- 3XX重定向，需要进一步的操作以完成请求。
- 4XX客户端错误，请求包含语法错误或无法完成请求。
- 5XX服务器错误，服务器在处理请求的过程中发生了错误。

由此可见，状态码的取值范围为100~599，实际使用中真正定义的状态码并没有那么多。

常用的状态码也就十几个，特别常用的有以下几个。

- 200：请求成功。
- 301：资源（网页等）被永久转移到其他URL。
- 404：请求的资源（网页等）不存在。
- 500：内部服务器错误。

还有一个很神奇的302状态码，我们会在后面的章节中重点介绍。

挑战问题

编写一个Python程序getStatusType.py，实现以下功能。程序首先打印出“请输入你要查询的状态码：[状态码]”，待用户输入合法的HTTP状态码后，程序打印出该状态码所属的分类，以及分类描述。

如果输入的状态码不合法，也就是说输入的状态码不是100~599之间的数字，则打印错误提示“输入的状态码不合法，合法的状态码为100~599之间的数字。”程序不结束，再次打印出“请输入你要查询的状态码：[状态码]”，并处理第二次的输入。直到接收到了合法的状态码，并打印出输入的状态码所属的分类以及所属分类的分类描述，该程序才结束。

运行结果如图9.3所示。图中“2321414”“sad”“200”为输入内容。

```
请输入你要查询的状态码：2321414
输入的状态码不合法，合法的状态码为 100~599 之间的数字。
请输入你要查询的状态码：sad
输入的状态码不合法，合法的状态码为 100~599 之间的数字。
请输入你要查询的状态码：200
你输入的状态码 200 属于 2XX 类
分类描述：成功，操作被成功接收并处理
```

图 9.3

注意：请在10分钟内闭卷完成本“挑战问题”。如果第一次不能闭卷完成或者完成时间超时，请将编写的程序删除后重做一次。

拓展

假设有一个StatusCodeType的类，并且该类有一个getStatusType()方法。该方法可以接收一个字符串类型的状态码，并满足以下要求。

（1）如果状态码的数字在100~599范围内，返回字符串。字符串包括该状态码的归属状态分类，以及分类描述信息。

```
“你输入的状态码 121 属于 1XX 类
```

分类描述：服务器收到请求，需要请求者继续执行操作”

注意：该信息的字符串分两行打印，中间的状态码会根据输入内容变化。

（2）如果状态码的数字不在100~599范围内，则提示错误信息“输入错误，请输入100~599之间的数字”。

编写一个Python的unittest程序TestStatusCodeType.py，对StatusCodeType类中getStatusType()方法的两个功能进行测试。

运行结果如图9.4和图9.5所示。

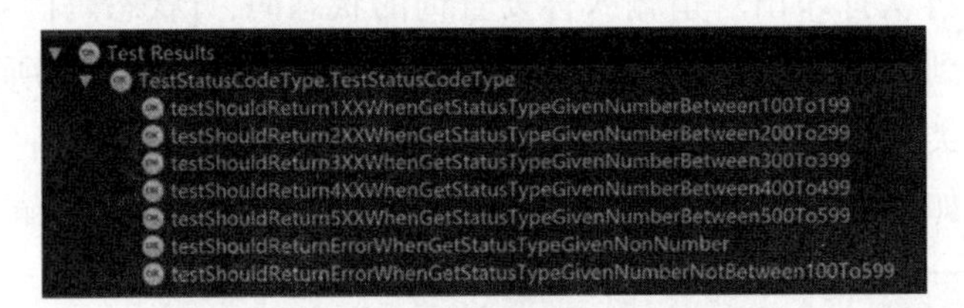

图 9.4

```
menglijundeMBP:9.2 menglijun$ python -m unittest -v TestStatusCodeType.py
testShouldReturn1XXWhenGetStatusTypeGivenNumberBetween100To199 (TestStatusCodeType.TestStatusCodeType) ... ok
testShouldReturn2XXWhenGetStatusTypeGivenNumberBetween200To299 (TestStatusCodeType.TestStatusCodeType) ... ok
testShouldReturn3XXWhenGetStatusTypeGivenNumberBetween300To399 (TestStatusCodeType.TestStatusCodeType) ... ok
testShouldReturn4XXWhenGetStatusTypeGivenNumberBetween400To499 (TestStatusCodeType.TestStatusCodeType) ... ok
testShouldReturn5XXWhenGetStatusTypeGivenNumberBetween500To599 (TestStatusCodeType.TestStatusCodeType) ... ok
testShouldReturnErrorWhenGetStatusTypeGivenNonNumber (TestStatusCodeType.TestStatusCodeType) ... ok
testShouldReturnErrorWhenGetStatusTypeGivenNumberNotBetween100To599 (TestStatusCodeType.TestStatusCodeType) ... ok

----------------------------------------------------------------------
Ran 7 tests in 0.001s

OK
```

图 9.5

建议编写不少于7个测试案例。

注意：请在10分钟内闭卷完成本“挑战问题”。如果第一次不能闭卷完成或者完成时间超时，请将编写的程序删除后重做一次。

难点提示

本节的“挑战问题”你可能不是用类实现的，或者你写的类没有getStatusType()方法，先不要急于修改程序代码。请站在测试人员视角考虑一下，假设已经存在StatusCodeType类和getStatusType()方法，需要设计多少测试案例，才能验证其功能的正确性。

请根据自己的理解，提前写好测试案例，然后通过创建和修改StatusCodeType类的代码，让测试案例一个一个地通过，最终逐渐形成完整的StatusCodeType类。

你已经设计了不少于 7 个测试案例，除为每类状态码都编写一个测试案例之外，还应该有 2 个异常场景的测试案例。如果考虑边界值，每类状态码应该至少设计 3 个测试案例，一共应该设计不少于 17 个测试案例。

知识点

语言基础知识要点

HTTP状态码的五种类型以及四个常见的状态码。

拓展

完成上面的练习后，考虑增加以下约束，对代码进行调整。请检查当前代码是否满足下面的约束条件，如果没有满足约束条件，尝试对代码进行重写或者调整。

- 不使用if语句。
- 使用的print不能多于3个。
- 代码行数不要超过18行。
- 每行不超过90列。

提示：建议考虑用字典函数的方式对代码进行整合，如有需要可以重读一下 5.1 节，特别是对该节“拓展”部分的问题进行思考和练习。

9.3 HTTP协议基础

学习目标

学习Requests库的安装。

掌握HTTP协议基础知识。

知识准备

HTTP 协议简介

什么是协议？协议是指两个或两个以上实体为了开展某项活动，经过协商后双方达成的一致意见。我们这里说的“协议”，通常指的是“通信协议”。

通信协议是指双方实体为了完成互相通信或服务所必须遵循的规则和约定，简单来说，通信协议就是一种通信双方都理解、都遵守的“语言”。

HTTP协议（Hyper Text Transfer Protocol），就是浏览器和Web服务器之间为了完成互相通信而共同约定的，用于传输超文本的传送协议。HTTP通过TCP/IP通信协议来传递数据。

HTTP 工作原理

HTTP协议工作于B/S架构上。浏览器作为HTTP客户端，通过URL向HTTP服务端（Web服务器）发送所有请求。Web服务器根据接收到的请求，向客户端发送响应信息。

HTTP默认端口号为80，你也可以改为8080或者其他端口。

HTTP 消息结构

HTTP使用统一资源标识符（Uniform Resource Identifiers, URI）来传输数据和建立连接。

客户端请求消息由请求行（request line）、请求头部（header）、空行和请求数据四个部分组成，图9.6给出了请求报文的一般格式。

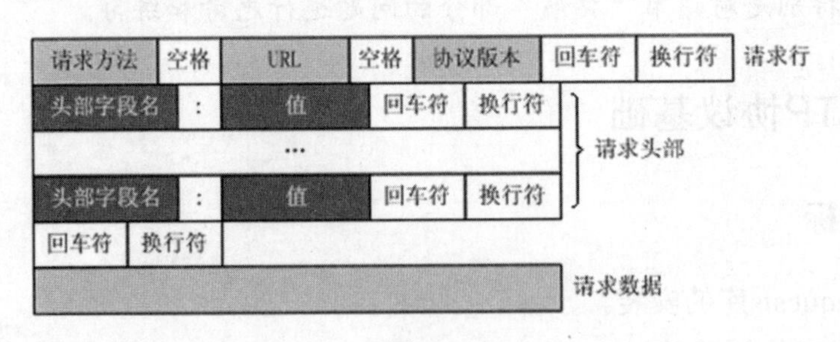

图 9.6

服务器响应消息由四个部分组成，分别是：状态行、消息报头、空行和响应正文，图9.7给出了响应消息的示例。

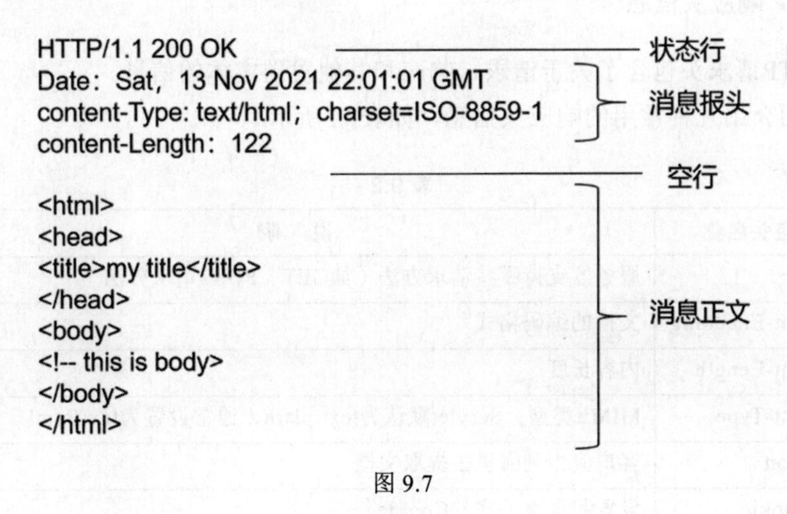

图 9.7

HTTP 请求方法

根据HTTP标准，HTTP请求可以使用多种请求方法，如表9.1所示。

表 9.1

方　法	说　明
GET	请求指定的页面信息，并返回实体主体
POST	向指定资源提交数据并处理请求（例如提交表单或者上传文件）。数据被包含在请求体中。POST 请求可能会导致新的资源的建立或已有资源的修改
HEAD	类似于 GET 请求，只不过返回的响应中没有具体的内容，用于获取报文头
PUT	从客户端向服务器传送的数据取代指定的文档的内容
DELETE	请求服务器删除指定的页面
CONNECT	预留给能够将连接改为管道方式的代理服务器
OPTIONS	允许客户端查看服务器的性能
TRACE	回显服务器收到的请求，主要用于测试或诊断
PATCH	是对 PUT 方法的补充，用来对已知资源进行局部更新

HTTP 1.0标准定义了三种请求方法：GET, POST和HEAD请求方法。

HTTP 1.1标准新增了六种请求方法：OPTIONS、PUT、PATCH、DELETE、TRACE和CONNECT请求方法。最常用的是GET和POST请求方法。

HTTP 响应头信息

HTTP请求头包含了关于请求、响应和其他发送实体的信息。

下面介绍几种常用的响应头信息，如表9.2所示。

表 9.2

响应头名称	说　明
Allow	服务器支持哪些请求方法（如GET、POST请求方法）
Content-Encoding	文档的编码格式
Content-Length	内容长度
Content-Type	MIME类型，Servlet默认为text/plain，通常设置为text/html
Location	客户应当到哪里去提取文档
Set-Cookie	设置和页面关联的Cookie

要理解并牢记以下与HTTP协议相关的内容：

- 目前常用的协议是 HTTP1.1 标准，包含八种请求方法，其中最常用的是 GET 和 POST 两种请求方法。
- HTTP 协议中有请求和响应两种报文，两种报文又包括报文头和报文体。
- 报文头用于传递一些通用的信息或者指定某种行为。
- 报文体是请求或者响应中传递的数据内容。

MIME(Multipurpose Internet Mail Extensions)类型是一种标准，用来表示文件或字节流的形式和格式。HTTP协议借用了这个标准，用于在客户端和服务端间进行内容类型的声明。

发送的 HTTP 报文

学习HTTP协议最直观的方法就是阅读实际的HTTP报文。

在这里可以使用curl这个小工具。下面的例子是用curl向URL地址“https://httpbin. ceshiren.com/ip”发送GET请求的会话过程。以右尖括号（>）开头的是发送的数据，以左尖括号（<）开头的是接收的数据，运行结果如图9.8所示。

```
C:\Users\maoxu>curl -v https://httpbin.ceshiren.com/ip
*   Trying 123.57.157.48...
* TCP_NODELAY set
* Connected to httpbin.ceshiren.com (123.57.157.48) port 443 (#0)
> GET /ip HTTP/1.1
> Host: httpbin.ceshiren.com
> User-Agent: curl/7.55.1
> Accept: */*
>
< HTTP/1.1 200 OK
< Date: Sun, 14 Nov 2021 02:45:16 GMT
< Content-Type: application/json
< Content-Length: 32
< Connection: keep-alive
< Access-Control-Allow-Origin: *
< Access-Control-Allow-Credentials: true
< Strict-Transport-Security: max-age=15724800; includeSubDomains
{
  "origin": "101.41.123.68"
}
* Connection #0 to host httpbin.ceshiren.com left intact
```

图 9.8

curl是一个用于URL传递数据的命令行工具和库。

curl最常用的功能是通过命令行来给Web网站发送HTTP请求，并将HTTP报文内容在命令行界面输出。

Requests 库简介

Requests库允许发送HTTP1.1标准的请求，无须手工操作。

Requests库是Python的第三方库，具有非常好的易用性和强大的功能，主要用于操作HTTP接口。

注意以下内容要点：

- 发送 HTTP 请求，需要用到 Requests 库。
- requests.get()方法用于发送 GET 请求。
- requests.post()方法用于发送 POST 请求。

上面这两个方法有两个常用的参数，分别是url参数和params参数。其中url参数为要访问的URL地址，params是可选参数。

以下代码实现的功能是向URL地址“https://github.com/timeline.json ”发送GET请求。

```
r = requests.get('https://github.com/timeline.json')
```

这里要注意，可以在URL后面增加以问号开头的字符链接传递参数，问号后面一般是key=value格式的字符串，如果后面需要连接多个参数，参数之间用运算符（&）连接。

```
r = requests.get("https://httpbin.ceshiren.com/get?name='akui'
&email='a_kui@163.com'")
```

上面这段代码就是向URL地址https://httpbin.ceshiren.com/get发送GET请求，并将name='akui'和email='a_kui@163.com'作为参数传递。

请在PyCharm中新建myRequests.py文件，并运行以下代码。注意程序运行时需要联网。

```
import requests
r = requests.get("https://httpbin.ceshiren.com/get?name='akui'
&email='a_kui@163.com'")
print(r.text)
```

运行后，程序出现了以下的异常。

```
Traceback (most recent call last):
File "/Users/myRequests.py", line 1,
in <module>
import requests
ModuleNotFoundError: No module named 'requests'
```

这是因为Requests库是第三方依赖，需要配置PyCharm。

具体操作方法如下：

Windows系统单击File，再单击Settings。

macOS系统请单击Preferences。

进入页面后，再单击Project下面的Project Interpreter，将会出现以下界面，如图9.9所示。

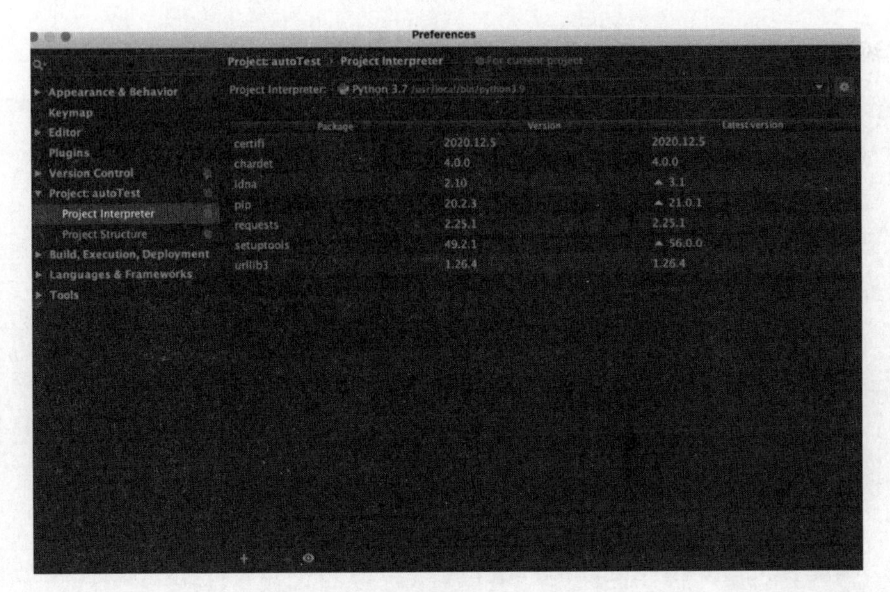

图 9.9

接下来单击上面界面的加号（+），将会出现如图9.10所示的界面。在搜索框中查找需要安装的第三方库（此处搜索requests），找到列表中要安装的第三方库后，单击左下角的Install Package进行安装即可。

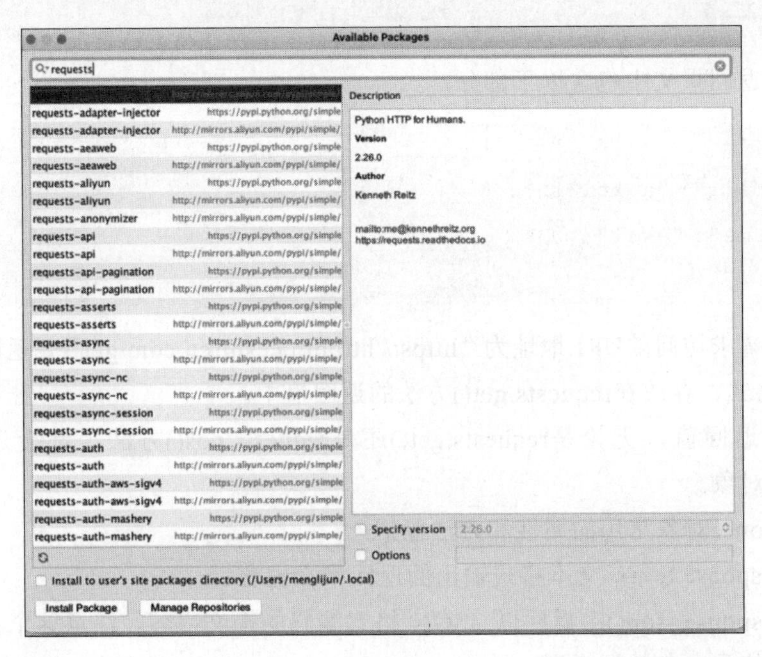

图 9.10

添加Requests库后，重新执行上述代码，你将看到JSON格式的输出。

```
{
 "args": {
  "email": "a_kui@163.com",
  "name": "akui"
 },
 "headers": {
  "Accept": "*/*",
  "Accept-Encoding": "gzip, deflate",
  "Connection": "close",
  "Host": "httpbin.ceshiren.com",
  "User-Agent": "python-requests/2.13.0"
 },
 "origin": "61.148.242.253",
 "url": "https://httpbin.ceshiren.com/get?name='akui'&
email='a_kui@163.com'"
}
```

其中返回报文中包含以下部分：

```
"args": {
  "email": "a_kui@163.com",
  "name": "akui"
 }
```

上面请求访问的URL地址为“https://httpbin.ceshiren.com/get”，返回的报文为JSON格式，存放在requests.get()方法的返回值中。

说到返回值，无论是requests.get()还是requests.pos()方法，都会返回一个Response对象。

Response对象常用的属性和方法包括：

- Response.text：文本格式输出的返回报文内容。
- Response.json()：返回以 JSON 格式编码的报文内容，注意这个方法的返回值是字典数据类型。

- Response.status_code：服务器响应的状态码，是一个数字类型。
- Response.headers：服务器响应头，数据类型为 requests.structures.CaseInsensitiveDict。本质上就是一个字典数据类型，只不过是对大小写不敏感。
- Response.Cookies：服务器响应的 Cookies

尝试将上面代码中print(r.text)中的参数text字段分别改写成json()、status_code、headers和cookies等，观察输出结果，感性认识一下Response对象的这些属性和方法。

```
import requests
r = requests.get("https://httpbin.ceshiren.com/get?name='akui'&
email='a_kui@163.com'")
print(r.text)
print(r.json())
print(r.status_code)
print(r.headers)
print(r.cookies)
```

Requests 库 pip3 安装

上面介绍了PyCharm中安装Requests库的方法，Requests库还可通过pip3的方式安装，建议在联网的情况下执行"pip3 install requests"指令。安装完成后，通过requests.get()方法发送GET请求，访问"https://httpbin.ceshiren.com/ip"，观察是否能够拿到返回报文。

```
import requests
r = requests.get("https://httpbin.ceshiren.com/ip")
print(r.text)
```

新建ip.py文件，运行上面的代码。该代码会返回IP信息。

```
{
 "origin": "61.148.242.253"
}
```

挑战问题

编写一个Python程序getStatusCode.py，实现以下功能。程序首先打印“请输入你要发送HTTP请求的URL链接：”。待用户输入后，程序向输入的链接发送GET请求，并打印返回报文的Status Code。如果输入的URL地址不存在，则打印“你输入的HTTP请求地址：[输入的地址]出现链接异常，请确认地址是否正确！”

运行结果如图9.11～图9.13所示。图中http://www.163.com，https://httpbin.ceshiren.com/ipipip，http://yigeluanqibazaodedizhi.com为输入内容。

```
请输入你要发送 HTTP 请求的 URL 链接：https://www.163.com
你得到的返回码是：200
```

图 9.11

```
请输入你要发送 HTTP 请求的 URL 链接：
https://httpbin.ceshiren.com/ipipip
你得到的返回码是：404
```

图 9.12

```
请输入你要发送 HTTP 请求的 URL 链接：
http://yigeluanqibazaodedizhi.com
你输入的 HTTP 请求地址：http://yigeluanqibazaodedizhi.com 出现链接异常，请确认地址是否正确！
```

图 9.13

注意：请在10分钟内闭卷完成本“挑战问题”。如果第一次不能闭卷完成或者完成时间超时，请将编写的程序删除后重做一次。

难点提示

遇到网络问题（如DNS查询失败、拒绝连接等）时，程序会抛出一个ConnectionError异常，可以尝试使用requests.exceptions.ConnectionError捕获异常。

知识点

语言基础知识要点

（1）任何时候调用requests.get()或者requests.post()方法，你都要做以下两件事情。

- 创建一个 Request 对象，该对象将被发送到某个服务器请求或查询一些资源。
- 一旦程序得到从服务器返回的响应，就会产生一个 Response 对象。该响应对象包含服务器返回的所有信息，也包含你原来创建的 Request 对象。

（2）本节会用到Python的异常处理，如有需要，请重新学习和体会6.3节异常处理的相关内容。

（3）json.loads()函数用于将一个JSON编码的字符串转换回一个Python数据结构。

HTTP 协议基础知识要点

（1）HTTP协议是HyperText Transfer Protocol的缩写。

（2）HTTP协议基于TCP/IP传输数据，默认端口号为80端口。

（3）GET和POST请求方式是HTTP协议中最常用的两种向服务端发送请求的方式。

（4）URI和URL的区别：URI是统一资源标识符，而URL是统一资源定位符。URL是一种特定的URI的具体实现。

第十章　交谈开始

10.1　我知道你是哪里人

学习目标

学习通过GET请求发送带参数的HTTP请求，复习JSON数据处理。

知识准备[①]

以下地址可根据IP地址查询归属地信息。

```
https://ip.taobao.com/outGetIpInfo
```

接口说明如下：

（1）请求接口（GET）：/outGetIpInfo?ip=[ip地址字串]&accessKey=[访问密钥]。

（2）响应信息：（json格式的）国家、省（自治区或直辖市）、市（县）、运营商

（3）返回数据格式：


```
{"code":0,"data":{"ip":"210.75.225.254","country":"\u4e2d\u56fd","area":"\u534e\u5317",
"region":"\u5317\u4eac\u5e02","city":"\u5317\u4eac\u5e02","county":"","isp":"\u7535\u4fe1",
"country_id":"86","area_id":"100000","region_id":"110000","city_id":"110000",
"county_id":"-1","isp_id":"100017"}}
```


其中code的值的含义为，0：成功，1：服务器异常，2：请求参数异常，3：服务器繁忙，4：个人qps超出。

[①]该内容引用自“淘宝 IP 地址库”网站，链接为“https://ip.taobao.com/instructions”。

挑战问题

编写一个Python程序getIpInfo.py，实现以下功能。程序首先打印出“请输入你要查询的IP地址：[本机的联网IP地址]”，待用户输入IP地址并单击回车键后，返回IP地址所在的国家（country）、地区（area）、省份（region）和城市（city）信息。

查询IP地址信息，请使用“淘宝IP地址库”网站信息。使用该网站发送请求时，请遵守该网站相关要求。

查询IP地址的运行结果如图10.1所示。图中“124.128.22.224”为输入内容。

```
请输入你要查询的 IP 地址：124.128.22.224
你输入的 IP 地址所在的国家：中国
你输入的 IP 地址所在的地区：华东
你输入的 IP 地址所在的省份：山东省
你输入的 IP 地址所在的城市：济南市
```

图 10.1

提示：不要短时间内大量发送这个请求，短时间发送大量请求会导致自己的 IP 被网站认为是恶意的，网站对该 IP 请求的响应时间会变长。

注意：请在 10 分钟内闭卷完成本“挑战问题”。如果第一次不能闭卷完成或者完成时间超时，请将编写的程序删除后重做一次。

知识点

语言基础知识要点

json.loads()函数用于加载一个JSON编码的字符串，将其进行转换后，返回一个字典数据类型的值。

10.2 请查收我的POST

学习目标

学习通过POST发送带参数的HTTP请求。

复习JSON数据处理。

知识准备

HTTPBIN

学习一个概念最好的方法就是实践。要学习HTTP协议，最好的方法就是与网站进行交互。这里推荐一个专门用于HTTP协议学习的网站HTTPBIN。

```
https://httpbin.ceshiren.com/
```

这是一个覆盖所有HTTP场景的，专门用于测试HTTP代码库和深入了解、学习HTTP协议的网站。该网站的所有返回报文都采用JSON编码。

网站提供了很多有利于进行学习和研究的URL地址，这些地址我们都可以直接使用浏览器进行访问。

通过浏览器访问以下URL地址。

```
https://httpbin. ceshiren.com/ip
```

该URL会返回自己当前的IP地址信息，返回信息的格式是JSON，运行结果如图10.2所示。

我们再次通过浏览器访问以下URL地址。

```
https://httpbin.ceshiren.com/post
```

该请求会返回“Method Not Allowed”错误，运行结果如图10.3所示。这是因为通过浏览器默认发送的是GET请求，而这个URL地址只支持POST方式访问。

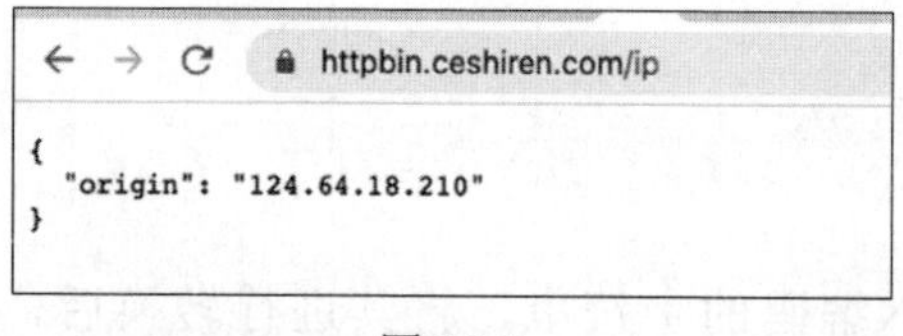

图 10.2

图 10.3

用前文提到的curl命令，-d参数用于POST请求发送数据，来看看下面的例子。

```
curl -d "name=akui&location=beijing" https://httpbin.ceshiren.
com/post
{
```

```
    "args": {},
    "data": "",
    "files": {},
    "form": {
     "location": "beijing",
     "name": "akui"
    },
    "headers": {
     "Accept": "*/*",
     "Connection": "close",
     "Content-Length": "26",
     "Content-Type": "application/x-www-form-urlencoded",
     "Host": "httpbin.ceshiren.com",
     "User-Agent": "curl/7.54.1"
    },
    "json": null,
    "origin": "106.37.94.241",
    "url": "https://httpbin.ceshiren.com/post"
  }
```

我们看到URL地址为“https://httpbin.ceshiren.com/post”的服务，接收到上送的数据（"name=akui&location=beijing"）后，以JSON格式返回。返回的数据中 "form"节点包含了上送数据。

挑战问题

编写一个Python程序sendPost.py，实现以下功能。程序首先打印“请输入你的姓名：”，待用户输入姓名并按回车键后，继续打印出“请输入你的邮箱：”，待用户输入邮箱并按回车键后，向URL地址“https://httpbin.ceshiren.com/post”发送以下定义的数据：data={"name":[输入的姓名],"email":[输入的邮箱]}，最后程序将返回的状态码和JSON优化后的数据打印出来。

运行结果如图10.4所示。图中“阿奎”“a_kui@163.com”为输入内容。

```
请输入你的姓名: 阿奎
请输入你的邮箱: a_kui@163.com
返回的状态码: 200
返回内容为:
{
  "args": {},
  "data": "",
  "files": {},
  "form": {
       "email": "a_kui@163.com",
       "name": "阿奎",
  },
  "headers": {
    "Accept": "*/*",
    "Content-Length": "13",
    "Content-Type":
"application/x-www-form-urlencoded",
    "Host": "httpbin.ceshiren.com",
    "User-Agent": "curl/7.55.1",
    "X-Forwarded-Host": "httpbin.ceshiren.com",
    "X-Scheme": "https"
  },
  "json": null,
  "origin": "101.39.89.29",
  "url": "https://httpbin.ceshiren.com/post"
}
```

图 10.4

输入内容要支持中文，返回报文的内容也要能够显示中文。回显的上送数据应该出现在返回报文的"form"节点。

注意：请在 10 分钟内闭卷完成本“挑战问题”。如果第一次不能闭卷完成或者完成时间超时，请将编写的程序删除后重做一次。

知识点

语言基础知识要点

（1）OST方法中的json、data、params三个参数非常重要，请通过实践理解三个参数使用时有什么不同。

（2）重点理解Response对象中的content、text属性和json()方法。

- content 属性：会以字节的方式返回响应报文中的内容。
- text 属性：会以 Unicode 的方式返回响应报文中的内容。
- json()方法：会以 JSON 编码的方式返回响应报文的内容。如果响应报文体里没有合法的 JSON 内容，会出现异常，异常类型是 ValueError。

（3）理解Content-Type的含义，特别关注application/x-www-form-urlencoded、multipart/form-data和application/json这几种常用的类型。

- application/json 类型用于提交序列化后的 JSON 字符串。
- application/x-www-form-urlencoded 类型用于提交表单数据。
- multipart/form-data 用于上传表单文件。

拓展

改造本节“挑战问题”的代码，让上送的数据分别出现在args节点和data节点。

10.3 厉害了，我的302

学习目标

学习redirect概念，理解302状态码。

知识准备

重定向（redirect）

要想理解本节的内容，首先需要理解302状态码和redirect的概念。

《图解HTTP》一书中写到，“3XX响应结果表明浏览器需要执行某些特殊的处理以正确处理请求。”所有3XX类型的状态码都是指示浏览器接到响应后要进行后续特殊处理的。一般情况下，这个所谓的特殊处理就是重新发送请求到服务器的另一个URL路径，这就是重定向（redirect）。

3XX的状态码主要包括301、302和303，一般302状态码最为常见。如果浏览器发送一个POST或者GET请求后，收到了来自服务器带有302返回码的响应，浏览器会根据响应报文头的location域中给出的地址重新发送请求。

比如，我们向URL地址“https://httpbin.ceshiren.com/redirect/3”发送一个GET请求，就会得到如图10.5所示的访问结果。

在图10.5的左侧，我们可以看出在浏览器和服务器之间一共有四次请求和相应的交互发生。

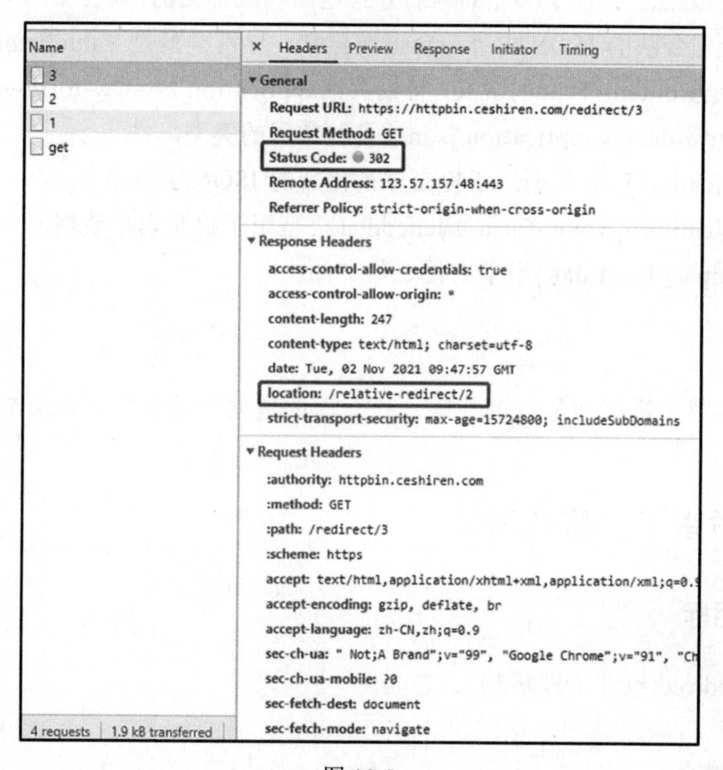

图 10.5

通过图10.5右侧的报文信息可以看到：

- 请求的 URL：https://httpbin.ceshiren.com/redirect/3。
- 响应码（Status Code）为：302。
- 响应报文头的位置（location）为：/relative-redirect/2。

浏览器向URL地址“https://httpbin.ceshiren.com/redirect/3”发送了GET请求。服务器响应报文中给出的状态码为302，location域为“/relative-redirect/2”。浏览器收到包含302状态码的响应报文后，会向location域中的地址重新发送GET请求。此时就出现了如图10.6所示的报文。

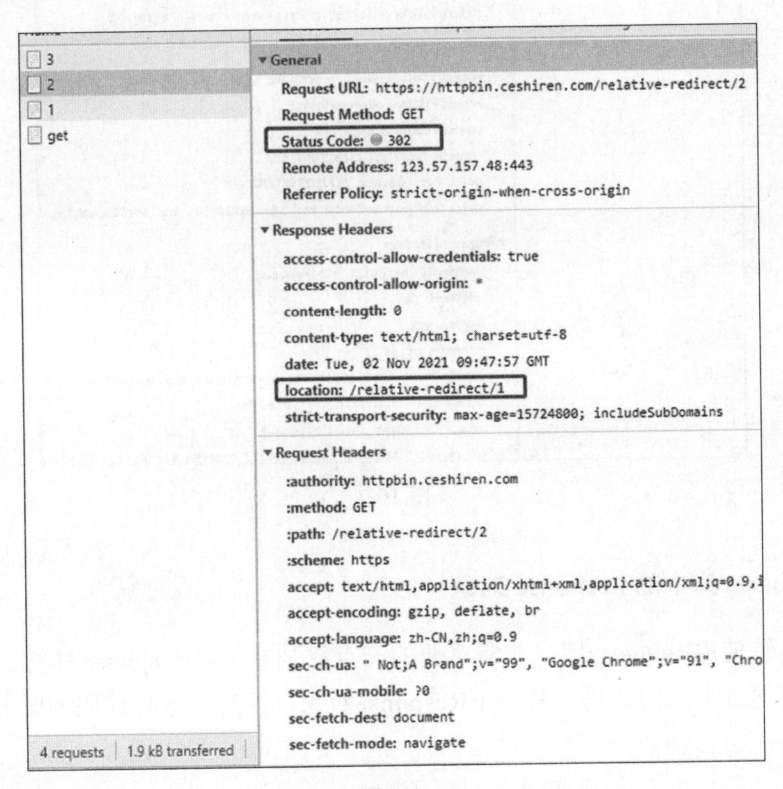

图 10.6

我们再来看看URL地址为“https://httpbin.ceshiren.com/get”的请求报文，如图10.7所示。

上面是四次交互中三次的报文内容，分别是3、2、get。请你写出Name为1的交互的Request URL、Status Code和location的内容。

Request URL：□□□□□□□□□□□□□□□□□□□□□

Status Code：□□□□□□□□□□□□□□□□□□□□□

location：□□□□□□□□□□□□□□□□□□□□□

如果写不出来，请重新阅读一遍上面的内容。

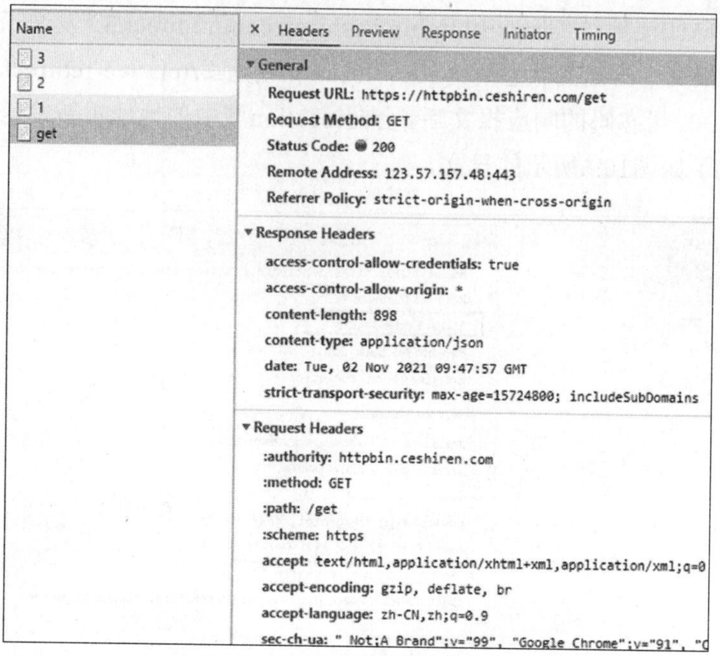

图 10.7

Requests 库中的 Response 对象

要熟练使用Requests库，非常重要的一点就是要了解Response对象。

我们通过下面的代码了解一下Response对象，注意，运行代码的时候要保持联网状态。

```
>>> import requests
>>>r = requests.get('https://httpbin.ceshiren.com/redirect/1')
#向 httpbin.ceshiren.com 网站，发送 GET 请求
>>> type(r)    #get()方法的返回值是一个 Response 类
<class 'requests.models.Response'>
>>> r
'<Response [200]>'
>>> type(r.url)  #Response 类的 url 属性是一个字符串
<class 'str'>
>>> r.url
```

```
'https://httpbin.ceshiren.com/get'
>>> type(r.status_code) #Response 类的 status_code 属性是一个整数
<class 'int'>
>>> r.status_code
200
>>> type(r.headers)   #Response 类的 headers 属性是一个大小写不敏感的字
典类型
<class 'requests.structures.CaseInsensitiveDict'>
>>> type(r.history)   #Response 类的 history 属性是一个列表类型
<class 'list'>
>>> str(r.history)   #history 属性的列表中有一个状态码为 301 的 Response
对象
'[<Response [302]>]'
>>> type(r.history[0])
<class 'requests.models.Response'>
```

观察上面的实验结果，我们可以得出以下结论：

- Response 类的 headers 属性是一个对大小写不敏感的字典类型(requests.structures.CaseInsensitiveDict)。
- Response 类的 history 属性是一个列表类型，里面存储的是 Response 对象。requests.get()或者 requests.post()方法发出请求后，重定向交互过程中的每一个响应信息都有一个与之对应的 Response 对象存储在 history 属性中。

```
>>> import requests
>>> resp = requests.get("https://httpbin.ceshiren.com/redirect/
3")
>>> resp
<Response [200]>
>>> resp.history
[<Response [302]>, <Response [302]>, <Response [302]>]
```

我们可以看到三次跳转的Response对象都在history列表中。

挑战问题

编写一个Python程序redirect.py，实现以下功能。程序首先打印“请输入重定向跳转的次数（1~10之间的整数）”，待用户输入数字按回车键后，通过requests.get()方法向URL地址“https://httpbin.ceshiren.com/redirect/[输入的数字]”发送GET请求。接下来，程序打印该返回报文中的状态码，并打印这个请求中每一次跳转的location，运行结果如图10.8所示。图中“6”为输入内容。

```
请输入重定向跳转的次数（1~10 之间的整数）: 6
200
第 1 跳: location=/relative-redirect/5
第 2 跳: location=/relative-redirect/4
第 3 跳: location=/relative-redirect/3
第 4 跳: location=/relative-redirect/2
第 5 跳: location=/relative-redirect/1
第 6 跳: location=/get
```

图 10.8

注意：请在10分钟内闭卷完成本“挑战问题”。如果第一次不能闭卷完成或者完成时间超时，请将编写的程序删除后重做一次。

知识点

语言基础知识要点

（1）理解HTTP交互中的redirect概念，以及302状态码。

（2）requests.get()和requests.post()方法返回的数据都是一个Response对象。

（3）Response对象的headers属性是一个对大小写不敏感的字典数据类型。

（4）Response对象的history属性是一个包含了各次跳转的Response对象的列表类型数据。

拓展

看到这里，你是不是很想知道知识准备中的那些截图是怎么得到的？如果有兴趣，建议自己学习一下，这将有助于今后开展面向Web网站的HTTP接口测试。建议使用Chrome或者Firefox浏览器。本节中的截图均来自Chrome浏览器的开发者模式界面。

如何进入开发者模式呢？打开浏览器后，单击鼠标右键打开菜单，选择“更多工具”下的“开发者工具”选项，就可以进入开发者模式了，如图10.9所示。我们也可以在浏览器中单击F12快捷键，快速打开开发者模式界面。

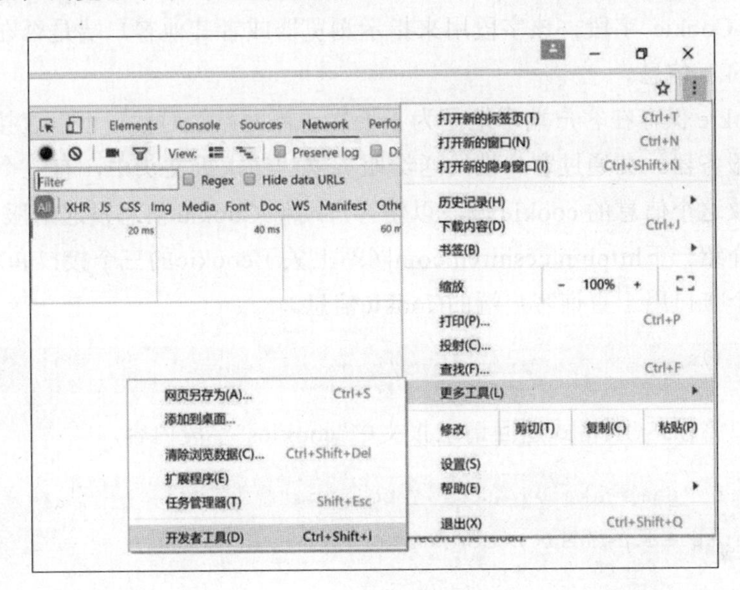

图 10.9

10.4 把我藏在Cookie里

学习目标

学习Cookie的概念，巩固重定向的相关知识。

知识准备

本节我们要学习Cookie, 其复数形式为Cookies。

Cookie的中文名称为“小型文本文件”或“小甜饼”，指某些网站为了辨别用户身份或者存储用户相关信息而储存在用户本地终端上的数据（通常经过加密）。

Cookie有以下特点：

- 保存在客户端，一般由浏览器负责存储在本地。
- 通常是加密存储的，不过由于存储在本地，难以保证数据不被非法访问，所以 Cookie 中不宜保存敏感信息，如密码。
- 哪些信息需要作为 Cookie 保存在客户端本地、保存多长时间，一般由服务器决定。在 HTTP 协议中，通过服务器返回的响应报文头中，有一个 Set-Cookie 字段，该字段用来指示浏览器或者其他客户端是否在本地保存 Cookie 信息。
- Cookie 保存在客户端本地是为了下次访问网站的时候，可以直接调取，上送服务器。在通过客户端发送给服务器的请求报文头中，有一个专门用于存放这个信息的 cookie 域，以便客户端将 Cookie 信息发送给服务器。

下面介绍一下httpbin.ceshiren.com网站上关于cookie的三个接口和功能。

第一个接口用于查询客户端的Cookie信息。

```
https://httpbin.ceshiren.com/cookies
```

该接口将以JSON格式返回请求报文中"cookies"字段内容。

```
curl -b "name=akui;location=beijing"
https://httpbin.ceshiren.com/cookies
{
 "cookies":{
  "location":"beijing",
  "name":"akui"
 }
}
```

上面代码是通过curl指令请求URL地址“https://httpbin.ceshiren.com/cookies”的例子。该请求设定了请求报文的"cookies"字段内容，注意两个key=value参数之间通过一个半角分号分隔。

curl命令行工具的-b参数用于指示后面的字符串或者文件是否需要跟随HTTP请求一起发送Cookie信息。

curl命令行工具的-v参数，用于以对话的方式显示请求报文和响应的HTTP报文的详细信息。下面我们做个练习。

注意：下面例子中，右尖括号（>）后面是发送到服务端的请求信息说明，左尖括号（<）后面是接收的服务端响应信息说明。

```
curl -v -b "name=akui;location=beijing"
https://httpbin.ceshiren.com/cookies
*  Trying 23.23.112.149...
* TCP_NODELAY set
* Connected to httpbin.ceshiren.com (23.23.112.149) port 80 (#0)
> GET /cookies HTTP/1.1
> Host: httpbin.ceshiren.com
> User-Agent: curl/7.54.1
> Accept: */*
> Cookie: name=akui;location=beijing
>
< HTTP/1.1 200 OK
< Connection: keep-alive
< Server: meinheld/0.6.1
< Date: Thu, 03 Aug 2017 07:12:49 GMT
< Content-Type: application/json
< Access-Control-Allow-Origin: *
< Access-Control-Allow-Credentials: true
< X-Powered-By: Flask
< X-Processed-Time: 0.000571012496948
< Content-Length: 70
< Via: 1.1 vegur
<
{
 "cookies": {
  "location": "beijing",
  "name": "akui"
 }
}
```

```
* Connection #0 to host httpbin.ceshiren.com left intact
```

我们试试下面的set接口，该接口用于设定客户端的Cookie。

```
https://httpbin.ceshiren.com/cookies/set?name1=value1&name2=value2
```

该接口返回302状态码，并且返回报文头中，location指向cookies。返回报文头通过Set-Cookie字段设定客户端的Cookie信息，设定的参数为通过URL传递的参数“name1=value1&name2=value2”。想一想浏览器接收到302状态码的响应报文会如何。

我们再来看看delete接口，该接口用于删除客户端的Cookie。

```
https://httpbin.ceshiren.com/cookies/delete?name1&name2
```

该接口返回302状态码，并且在返回报文头中，location指向cookies。返回报文头通过Set-Cookie分别设定name1和name2等于“空”。客户端会从Cookie信息中删除name1和name2两个字段。想一想浏览器接收到302状态码的响应报文会如何。

挑战问题

编写一个Python程序showCookies.py，实现以下功能。程序首先提示用户“请输入一组cookie，格式为key=value，直接按回车键后表示输入结束：”，待用户输入多组key=value格式的字符串后，程序将输入的多行内容作为一组Cookie向URL地址https://httpbin.ceshiren.com/cookies发送请求，并将返回的报文内容美化后，以JSON格式输出，如图10.10所示。其中name=akui和email=a_kui@163.com为输入内容。

```
    请输入一组 cookie，格式为 key=value，直接按回车键后表示输入结束：
200
    name=akui
    email=a_kui@163.com
    {
          "cookies": {
            "email": "a_kui@163.com",
            "name":"akui"
          }
    }
```

注意：请在10分钟内闭卷完成本“挑战问题”。如果第一次不能闭卷完成或者完成时间超时，请将编写的程序删除后重做一次。

知识点

语言基础知识要点

（1）requests.post()和requests.get()方法都可以使用cookies参数。

（2）传递给cookies参数的值是字典类型。

（3）字符串的split()内建函数可以根据特定的字符将字符串分隔成列表。

（4）字符串的strip()内建函数可以去掉字符串的空格。

（5）字符串和列表数据结构都有len()方法，分别返回字符串的长度和列表中元素的个数。

拓展

如果将上面题目中请求的URL地址由https://httpbin.ceshiren.com/cookies改成https://httpbin.ceshiren.com/cookies/set?name=aaa，思考一下会发生什么？如果问号后带的参数和通过界面输入的相同，会出现什么情况？

如果将上面题目中发送的URL地址https://httpbin.ceshiren.com/cookies改成

https://httpbin.ceshiren.com/cookies/delete?name=aaa，会发生什么？如果问号后带的参数和通过界面输入的相同，会出现什么情况？

10.5 让我们“保持通话”

学习目标

学习Session的概念，巩固重定向以及Cookie知识。

知识准备

Session 简介

HTTP是一个无状态的协议。所谓无状态的协议是指第一次发送的请求与第二次发送的请求之间是独立的，第二个请求并不能继承上一个请求的处理状态。比如，你通过用户名和密码登录到一个网站上，很自然地希望在这个网站上进行其他操作时网站能够识别你是谁，并且记住你已经登录过了。可是，HTTP协议本身并不能做到这一点。

Cookies的工作机制是用户识别和状态管理（比如保存用户的用户名、邮箱、地址等），Web网站为了管理用户的状态，通过Web浏览器把一些数据作为Cookie信息临时存储。当用户再次访问该Web网站时，会将之前保存的Cookie（假如没有过期的话）取出来，发送给该Web网站，从而实现用户识别和状态的管理，但这种机制有两个缺点：

（1）数据保存在客户端本地，安全性不高；

（2）每次访问都要发送保存的Cookie数据，当网络访问量大的时候，会浪费网络带宽。

为了解决以上两个问题，我们需要引入Session的概念。

Session，中文一般翻译成“会话”，也是一种管理用户状态和信息的机制。与Cookie将数据保存在客户端本地不同，Session的数据保存在服务端，一般放在服务器的内存里。客户端和服务端通过一个session id进行沟通，为了防止不同的客户之间出现冲突和重复，这个session id一般由一个较长的随机字符串（一般为32或者48个字节）组成。

客户登录Web系统后，Web系统会通过响应报文返回给客户端一个键值对格式的session id，当客户端第二次发起请求的时候，只要带上这个session id，服务端就能够通过这个session id找到这个客户端对应的客户的信息和状态，比如用户名、地址、邮箱、购物车里的商品、当前的支付状态。这样就实现了服务端对客户信息的识别和客户状态的管理。

这种设计有效地解决了Cookie机制的两个问题。数据保存在服务端，解决了安全性问题；session id解决了浪费网络带宽的问题。

但是，Session机制也有缺点，比如服务器内存消耗增加。另外，由于Seesion内容一般保存在服务器的内存里，如果Web服务端是分布式系统，就需要解决多个节点之间的共享问题。

Cookie 补遗

我们继续讨论关于set和delete接口使用的话题。

这两个URL的设计很好地演示了Cookie的应用，下面以set接口为例进行详细说明。

首先，我们看一下通过Chrome浏览器直接输入URL地址的交互过程。

如图10.11所示，在地址栏输入以下URL地址。

```
https://httpbin.ceshiren.com/cookies/set?name1=value1&name2=value2
```

浏览器以JSON格式返回Cookie信息。注意，此时浏览器地址栏中的地址已经发生了变化。

到底发生了什么？让我们用curl命令来测试一下。

httpbin.ceshiren.com/cookies

```
{
  "cookies": {
    "name1": "value1",
    "name2": "value2"
  }
}
```

图 10.11

下面复习一下curl命令的常用参数。

- -c 参数用于指定一个用于临时存放和输出 Cookie 信息的文件，文件名可以自己定义。

● -L 参数用于处理重定向。

● -v 参数用于设置交互信息的方式，其中右尖括号（>）后面是发送到服务端的请求信息说明，左尖括号（<）后面是接收的服务端响应信息说明。

此外，URL地址参数一定要用双引号引起来，作为一个完整的字符串进行传递。

```
    curl -c cookies.txt -Lv
"https://httpbin.ceshiren.com/cookies/set?name1=value1&name2=value2"
    *  Trying 23.23.134.171...
    * TCP_NODELAY set
    * Connected to httpbin.ceshiren.com (23.23.134.171) port 80 (#0)
    > GET /cookies/set?name1=value1&name2=value2 HTTP/1.1
    > Host: httpbin.ceshiren.com
    > User-Agent: curl/7.54.1
    > Accept: */*
    >
    **#接收到一个 302 返回码的响应报文**
    < HTTP/1.1 302 FOUND
    < Connection: keep-alive
    < Server: meinheld/0.6.1
    < Date: Thu, 03 Aug 2017 12:46:53 GMT
    < Content-Type: text/html; charset=utf-8
    < Content-Length: 223
    **#报文中指定了重定向(redirect)的地址为/cookies**
    < location: /cookies
    * Added cookie name1="value1" for domain httpbin.ceshiren.com, path
/, expire 0
    **#响应报文中通过 Set-Cookie 指定客户端要保存 name1=value1 的 cookie 信息**
    < Set-Cookie: name1=value1; Path=/
    * Added cookie name2="value2" for domain httpbin.ceshiren.com, path
/, expire 0
    **#响应报文中通过 Set-Cookie 指定客户端要保存 name2=value2 的 cookie 信息**
    < Set-Cookie: name2=value2; Path=/
    < Access-Control-Allow-Origin: *
```

```
< Access-Control-Allow-Credentials: true
< X-Powered-By: Flask
< X-Processed-Time: 0.00105214118958
< Via: 1.1 vegur
<
* Ignoring the response-body
* Connection #0 to host httpbin.ceshiren.com left intact
* Issue another request to this URL:
'https://httpbin.ceshiren.com/cookies'
* Found bundle for host httpbin.ceshiren.com: 0x1a00d68ef90 [can
pipeline]
* Re-using existing connection! (#0) with host httpbin.ceshiren.com
* Connected to httpbin.ceshiren.com (23.23.134.171) port 80 (#0)
**#根据响应报文中 location 指定的位置，重新发送 GET 请求到/cookies**
> GET /cookies HTTP/1.1
> Host: httpbin.ceshiren.com
> User-Agent: curl/7.54.1
> Accept: */*
**#发送的报文中携带了上面的响应报文中要求客户端保存的 cookie 信息**
> Cookie: name1=value1; name2=value2
>
**接收到一个 200 返回码的响应报文**
< HTTP/1.1 200 OK
< Connection: keep-alive
< Server: meinheld/0.6.1
< Date: Thu, 03 Aug 2017 12:46:54 GMT
< Content-Type: application/json
< Access-Control-Allow-Origin: *
< Access-Control-Allow-Credentials: true
< X-Powered-By: Flask
< X-Processed-Time: 0.00096607208252
< Content-Length: 69
```

```
< Via: 1.1 vegur
<
**#响应报文的报文体中以 JSON 格式返回了第二次请求中携带的 cookies 信息**
{
 "cookies": {
  "name1": "value1",
  "name2": "value2"
 }
}
* Connection #0 to host httpbin.ceshiren.com left intact
```

至此，你已经对set接口的处理过程有了完整的了解。

接下来你可以自己动手研究一下delete的详细交互过程，尝试回答10.4节拓展部分提到的问题。

Session 与 Cookie 的对比

从功能上来说，Session和Cookie都是用来临时存储来访者信息的机制，这种机制是一个无状态协议，仅仅凭借HTTP协议的内容，网站无法知道该用户是否已经完成了用户名和密码的登录。

这个时候，就要用到Session和Cookie了。

1. Cookie 的方案

当用户通过用户名、密码验证登录成功后，网站会返回给客户端一个Cookie信息，表明用户已经登录。浏览器会将这个Cookie信息保存在用户本地某个磁盘位置。当用户第二次访问该网站时，浏览器会带着这个信息将报文头的Cookie域上送到网站的服务端。此时，如果检测到上送的报文头中的Cookie域中包含了这个用户已经登录的信息，服务端便知道这个用户是已经登录过的用户。Cookie在这里承担了临时存储来访者信息的媒介。这种临时存储来访者信息的方式，实现了两次HTTP请求之间的状态转移，如图10.12所示。

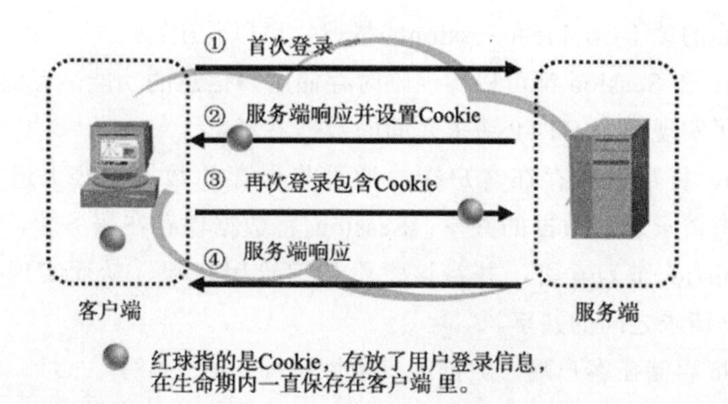

图 10.12

2．Session 的方案

当用户通过用户名、密码验证登录成功后，网站会返回给客户端（浏览器）一个session id信息，一般是一个长字符串。当用户第二次访问网站的时候，浏览器会带着这个session id信息请求网站的服务端。此时，如果服务端检测到上送的报文中有这个session id信息，就到自己内存中查找是否存在同样信息。如果存在这样的session id信息，就会通过该信息找到其他的会话信息。通过这种方式，服务端就会判断出这个用户是否已经登录过，相当于知道了用户的当前状态。而Session在这里实现了临时存储来访者信息的功能，而session id信息就相当于存储在服务端内存中的一个索引号，其工作方式如图10.13所示。

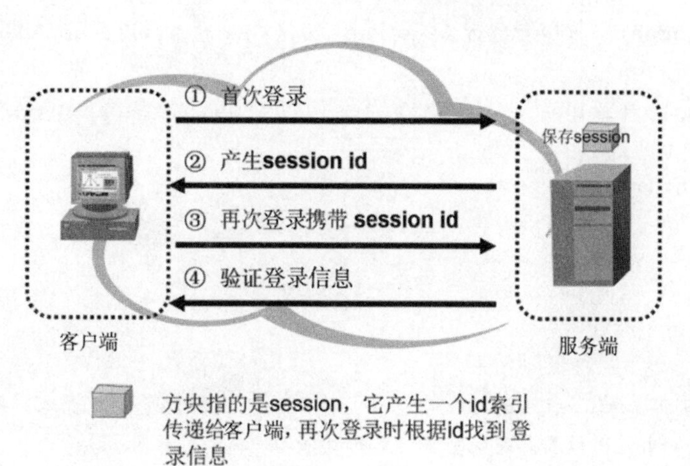

图 10.13

通过上面的关于Cookie和Session的描述，可以看出：

- Cookie 和 Session 都可以实现临时存储用户信息的功能，存储的目的也都是为了实现两个 HTTP 请求之间的数据共享。
- Cookie 将数据保存在客户端，通过将保存的数据直接上送来实现两个 HTTP 请求之间数据的共享；Session 将数据保存在服务端，通过用一个 session id 作为索引，并将该索引传递给用户端，从而实现数据在两个 HTTP 请求之间的共享。
- Cookie 存储在客户端，数据的安全性不高。
- Cookie 存储在客户端，每次上送都要将所有需要在两次 HTTP 请求之间共享的数据全部上送，当交易量较大的时候，网络带宽消耗较大。
- 由于 Session 存储在服务端，并且一般存储在内存中，当用户在线数量较大的时候，会占用比较多的内存空间，对服务端的内存要求比较高。

在 Python 中使用 Session

在Python中使用Session非常简单，通过requests.session()方法来获取一个Session的句柄，然后就可以像使用Requests库中的方法一样使用新获取的Session对象了。

我们通过实例代码体会一下Session模块的get()方法和requests模块本身的get()方法有什么不同。

```
>>> import requests
#调用 requests 的 get() 方法，向/set 发送 GET 请求，设置 cookies，并输出返回结果
>>> result = requests.get("https://httpbin.ceshiren.com/cookies/set?name=akui")
>>> print(result.text)
{
 "cookies": {
  "name": "akui"
 }
}
#第二次调用 requests 的 get() 方法，向/cookies 发送 GET 请求，获取当前的cookies，并输出返回结果，发现刚才设置的 cookies 信息不见了。
>>> result = requests.get("https://httpbin.ceshiren.com/cookies")
```

```
>>> print(result.text)
{
 "cookies": {}
}
#=====================我是分隔线==============================
#通过 requests.session()获取一个 Session 对象
>>> session = requests.session()
#调用 Session 对象的 get()方法，向/set 发送 GET 请求，设置 cookies，并输出返回结果
>>> result = session.get("https://httpbin.ceshiren.com/cookies/set?name=akui")
>>> print(result.text)
{
 "cookies": {
  "name": "akui"
 }
}
#第二次调用 Session 对象的 get()方法，向/cookies 发送 GET 请求，获取当前的cookies，并输出返回结果，发现刚才设置的 cookies 信息仍然是存在的。
>>> result = session.get("https://httpbin.ceshiren.com/cookies")
>>> print(result.text)
{
 "cookies": {
  "name": "akui"
 }
}
>>>
```

这就是Session的神奇作用。它可以保持多个通过Session对象发起的HTTP请求之间的状态，从而平滑实现跨HTTP请求的数据共享。

挑战问题

编写一个Python程序playCookies.py，实现以下功能。程序首先提示用户“请输入cookies指令：add key=value，用于增加cookies del key，用于删除cookies show，用于显示当前的cookies quit，退出”。

如果用户选择add指令，程序向以下URL地址发送GET请求，并输出格式化后的报文。注意：URL地址中的key=value参数要根据终端输入的实际内容进行替换。

```
https://httpbin.ceshiren.com/cookies/set?key=value
```

如果用户选择del指令，程序向以下URL地址发送GET请求，并输出格式化后的报文。URL地址中的key要根据终端输入的实际内容进行替换。

```
https://httpbin.ceshiren.com/cookies/delete?key
```

如果用户选择show指令，程序向以下URL地址发送GET请求，并输出格式化后的报文。

```
https://httpbin.ceshiren.com/cookies
```

如果用户选择quit指令，将退出程序。

运行结果如图10.14所示。图中“add name=akui”“add email=a_kui@163.com”“del name”“show”“quit”为输入内容。

```
请输入cookies指令:
add key=value, 用于增加cookies
del key, 用于删除cookies
show, 用于显示当前的cookies
quit, 退出
add name=akui
{
    "cookies": {
        "name": "akui"
    }
}
add email=a_kui@163.com
{
    "cookies": {
        "name": "akui",
        "email"="a_kui@163.com"
    }
}
del name
{
    "cookies": {
        "email"="a_kui@163.com"
    }
}
show
{
    "cookies": {
        "email"="a_kui@163.com"
    }
}
quit
```

图 10.14

练习

请使用函数或者类的方式设计代码，最多使用2个print()函数。

注意：请在10分钟内闭卷完成本“挑战问题”。如果第一次不能闭卷完成或者完成时间超时，请将编写的程序删除后重做一次。

知识点

语言基础知识要点

会话对象可以跨请求保持某些参数。

Session 方案与 Cookie 方案的优缺点对比。

拓展

在不考虑输入错误的情况下，实际代码行数不要超过30行，看看代码是不是满足这个要求？

不考虑上面的约束，看看应该如何修改代码才能满足以下条件：

（1）add指令的参数为两个空格的时候，程序会如何运行？如何处理？

（2）如果用户输入了不存在的指令，程序应该如何处理？

第五部分　实践 HTTP 接口测试

第十一章　HTTP 接口测试（无状态）

11.1　接口约定

学习目标

学习用unittest测试HTTP接口。

知识准备

time 模块

time模块提供了和时间相关的各种功能。主要包含以下函数：

（1）time.time()函数。

该函数以一个浮点数的形式，返回从初始时间到当前时间的间隔秒数。初始时间和闰秒的处理方式是与平台相关的。在Windows和大多数的UNIX系统上，初始时间是1970年1月1日零点零分零秒。

```
>>> import time
>>> time.time()
1502506209.6767917
```

（2）time.sleep(secs)。

该函数会暂停给定的秒数。secs参数可以使用浮点数，这样就可以设置比秒更精确的暂停时间。

```
>>> import time
>>> time.sleep(5)
```

运行上面的代码看看暂停的效果。

（3）time.asctime([t])。

该函数将一个给定的元组或者struct_time数据格式的变量转换成字符串，如'Sun Jun 20 23:21:05 1993'。

gmtime()和localtime()方法会返回struct_time数据格式。

在不提供参数的情况下，asctime()函数将以字符串的形式返回当前时间。

```
>>> import time
>>> time.asctime()
'Sat Aug 12 14:43:44 2017'
>>>
```

calendar模块也是一个常用的模块，主要用于日历计算方面，如年、月、日、星期的运算。

unittest.main()方法

相信大家对以下两行代码并不陌生。

```
if __name__=='__main__':
  unittest.main()
```

这两行代码的含义是：如果 Python 是被命令行方式运行的，此时__name__变量会被设置为'__main__'。该程序就会运行 unittest 中 main()方法，执行所有的测试案例。

unittest.main()方法有很多可用参数，我们在后续的章节中会学到，这里主要学习verbosity参数。

通过给verbosity参数赋值可以在运行测试的时候显示更多更详细的信息。

verbosity参数的默认值为1，此时会用“.”表示案例通过；“F”表示案例失败。如果需要显示每一个案例方法的名称案例的运行情况，需要将该参数设置为2。

接口探索与约定

我们复习一下10.1节中对查询接口https://ip.taobao.com/outGetIpInfo的描述。

（1）请求接口格式：/outGetIpInfo?ip=[ip地址字串]&accessKey=[访问密钥]。

（2）响应信息为JSON格式，包括国家 、省（自治区或直辖市）、市（县）以及运营商信息。

（3）返回数据格式：

{"code":0,"data":{"ip":"210.75.225.254","country":"\u4e2d\u56fd","area":"\u

534e\u5317","region":"\u5317\u4eac\u5e02","city":"\u5317\u4eac\u5e02","county":"","isp":"\u7535\u4fe1","country_id":"86","area_id":"100000","region_id":"110000","city_id":"110000","county_id":"-1","isp_id":"100017"}}

（4）返回格式中，code值的含义为，0：成功，1：服务器异常，2：请求参数异常，3：服务器繁忙，4：个人qps超出。

上面关于查询接口的描述，实际上就是一种接口约定，接口约定中一般会包含以下内容。

（1）请求的方式：接口的请求方式是HTTP的GET请求。

（2）数据的传入方式：接口的数据传入方式是通过url参数传入。

（3）响应信息格式：接口的响应信息格式为JSON格式，并且给出了具体的JSON示例。

（4）异常响应信息的形式：接口返回的JSON格式中有code的键值，0代表成功，1代表失败。

通过上面的描述我们可以看出：异常情况下（如IP地址不合法），接口约定中并没有给出返回数据的格式示例。此时，我们可以使用工具curl进行一些简单的接口探索。

```
curl -v
https://ip.taobao.com/outGetIpInfo?ip=badip&accessKey=alibaba-inc
* Trying 140.205.157.1...
- TCP_NODELAY set
- Connected to ip.taobao.com (140.205.157.1) port 80 (#0)
> GET /outGetIpInfo?ip=badip HTTP/1.1&accessKey=alibaba-inc
> Host: ip.taobao.com
> User-Agent: curl/7.52.1
> Accept: */*
>
< HTTP/1.1 200 OK
< Server: Tengine
< Date: Sat, 12 Aug 2017 07:24:09 GMT
< Content-Type: text/html
< Transfer-Encoding: chunked
```

```
    < Connection: keep-alive
    < Vary: Accept-Encoding
    < X-Powered-By: PHP/5.3.6
    <
    {"data":null,"msg":"The error occurred while execute
outGetIpInfo,parameter =badip","code":2}* Curl_http_done: called
premature == 0
    - Connection #0 to host ip.taobao.com left intact
```

从上面的运行结果可以看到，如果给该查询接口传递一个不合法的IP地址，如“badip”，接口仍然返回200状态码，但是返回的JSON数据格式却发生了变化。

```
    {"data":null,"msg":"The error occurred while execute
outGetIpInfo,parameter =badip","code":2}
```

此时code的值为2，data字段的值不再是一个JSON对象，而变成了null。

挑战问题

编写一个基于Python的unittest程序，该程序名称为TestGetIPInfo.py，对10.1节的“挑战问题”中关于查询IP地址所在地信息的接口进行测试。要求至少设计两个测试案例，并在PyCharm中执行。

完成测试案例编写后，在测试类定义所在的代码行单击鼠标右键，选择“Run Unittests in TestGetIPInfo”菜单项，就可以得到如图11.1所示的结果。

图 11.1

图11.2是通过在PyCharm直接运行测试类的结果。

```
✔ Tests passed: 2 of 2 tests – 6 s 436 ms
Testing started at 3:21 PM ...
/usr/local/bin/python3.9 "/Applications/PyCharm CE.app/Contents/helpers/pycharm/_jb_unittest_runner.py" --path /Users/menglijun/Desktop/书/pytho
Launching unittests with arguments python -m unittest /Users/menglijun/Desktop/书/python-and-http-interface-test-master/11.1/TestGetIPInfo.py in

Ran 2 tests in 6.437s

OK

Process finished with exit code 0
```

图 11.2

操作方法为：在主函数所在的行上单击鼠标右键，运行“Run TestGetIPInfo”菜单项。

为了避免短时间内大量发送请求，请在第二个案例开始运行前等待3秒。

注意：请在10分钟内闭卷完成本“挑战问题”。如果第一次不能闭卷完成或者完成时间超时，请将编写的程序删除后重做一次。

难点提示

（1）从输入参数的角度进行等价类、边界值的案例设计。

（2）思考有哪些异常场景？

知识点

语言基础知识要点

为了防止IP地址被阻止，可以考虑在每一个案例运行前添加sleep()方法，暂停3秒。复习一下time.sleep()方法及time模块里的其他方法，这将对你解决时间操作类问题很有帮助。

11.2 案例编写

学习目标

学会用unittest测试HTTP接口。

学习数据与代码分离。

知识准备

迭代运行同类测试案例

在测试过程中，我们经常会遇到针对同一个测试接口或者功能，需要设计和运行多个测试案例的情况。这些测试案例，除了测试的输入数据和预期结果有差异，整体的测试步骤基本相同。

针对这种情况，可以尝试将测试数据和测试的执行步骤进行分离，即测试数据与代码分离。

让我们以7.3节的测试案例为例。

以下代码是TestMyCalculator.py的参考源代码。

```
import unittest
from MyCalcultor import MyCalculator
class TestMyCalculator(unittest.TestCase):
  def
testShouldReturnGoodWhenDivideGivenTwoPositiveNumber(self):
    myCalculator = MyCalculator()
    self.assertEqual(4,myCalculator.divide(8,2))
  def
testShouldReturnGoodWhenDivideGivenTwoPositiveNumberCannotBeDivide
ToEnd(self):
    myCalculator = MyCalculator()
    self.assertEqual(4,myCalculator.divide(9,2))
  def
testShouldReturnGoodWhenDivideGivenTwoPositiveNumberInString(self):
    myCalculator = MyCalculator()
    self.assertEqual(4,myCalculator.divide("9","2"))
  def
testShouldReturnStringPleaseInputRightParamWhenDivideGivenTwoPosit
iveFloatNumberInString(self):
    myCalculator = MyCalculator()
```

```
        self.assertEqual("请输入正确的参数，参数必须是整数型或者可以转换为整数型的字符串", myCalculator.divide("9.8","2.1"))
    def testShouldReturnStringPleaseInputRightParamWhenDivideGivenTwoPositiveFloatNumber(self):
        myCalculator = MyCalculator()
        self.assertEqual("请输入正确的参数，参数必须是整数型或者可以转换为整数型的字符串", myCalculator.divide(9.8,2.1))
    def testShouldReturnStringDivisorCannotBeZeroWhenDivideGivenZeroToParam2 (self):
        myCalculator = MyCalculator()
        self.assertEqual("除数不能为零",myCalculator.divide(9,0))
    def testShouldReturnStringPleaseInputRightParamWhenDivideGivenNonNumberString(self):
        myCalculator = MyCalculator()
        self.assertEqual("请输入正确的参数，参数必须是整数型或者可以转换为整数型的字符串", myCalculator.divide("ssd","dd"))
    def testShouldReturnStringPleaseInputRightParamWhenDivideGivenNonNumberString(self):
        myCalculator = MyCalculator()
        self.assertEqual("请输入正确的参数，参数必须是整数型或者可以转换为整数型的字符串", myCalculator.divide("ssd","11"))
    def testShouldReturnStringPleaseInputRightParamWhenDivideGivenDictAndList (self):
        myCalculator = MyCalculator()
        self.assertEqual("请输入正确的参数，参数必须是整数型或者可以转换为整数型的字符串", myCalculator.divide({"as":"value"},[11,2,2]))
```

这9个测试案例，每一个都是先创建一个myCalculator对象，然后使用assertEqual()方法来验证myCalculator.divide()方法是否能够得到预期的结果。

我们尝试改写一下这个测试类，将这9个测试案例的输入数据和预期的输入结果进行整理，得到如表11.1所示的结果。

表 11.1

序 号	案例名称	输入参数 1	输入参数 2	预期结果
1	在两个都是整数，且能够被整除的情况下结果正常	8	2	4
2	在两个都是整数，且不能被整除的情况下结果为整数部分	9	2	4
3	两个输入参数为可以转换为整数的字符串，能够正常处理	"9"	"2"	4
4	两个输入参数为不能转换为整数的字符串，返回错误信息	"9.8"	"2.1"	"请输入正确的参数，参数必须是整数型或者可以转换为整数型的字符串"
5	两个输入参数为不是整数的数字型，返回错误信息	9.8	2.1	"请输入正确的参数，参数必须是整数型或者可以转换为整数型的字符串"
6	除数为零的时候，返回错误信息	9	0	"除数不能为零"
7	两个输入参数为不是数字的字符串，返回错误信息	"ssd"	"dd"	"请输入正确的参数，参数必须是整数型或者可以转换为整数型的字符串"
8	一个输入参数为不是数字的字符串，返回错误信息	"ssd"	"11"	"请输入正确的参数，参数必须是整数型或者可以转换为整数型的字符串"
9	参数不是整数型也不是字符串，返回错误信息	{"as":"value"}	[11,2,2]	"请输入正确的参数，参数必须是整数型或者可以转换为整数型的字符串"

通过表11.1我们可以看到，9个测试案例的确只是在输入参数和预期结果上有差异。为了简化测试案例，我们将这些案例进行优化，编写

TestMyCalculatorByList.py程序。

该程序定义了一个列表数据结构，用于保存9个测试案例的测试数据。

```
testDataList = [
{
"name":"在两个都是整数，且能够被整除的情况下结果正常",
"param1":8,
"param2":2,
"expect":4
},
{
"name":"在两个都是整数，且不能被整除的情况下结果为整数部分",
"param1":9,
"param2":2,
"expect":4
},
{
"name":"两个输入参数为可以转换为整数的字符串，能够正常处理",
"param1":"9",
"param2":"2",
"expect":4
},
{
"name":"两个输入参数为不能转换为整数的字符串，返回错误信息",
"param1":"9.8",
"param2":"2.1",
"expect":"请输入正确的参数，参数必须是整数型或者可以转换为整数型的字符串"
},
{
"name":"两个输入参数为不是整数的数字型，返回错误信息",
"param1":9.8,
"param2":2.1,
```

```
"expect":"请输入正确的参数，参数必须是整数型或者可以转换为整数型的字符串"
},
{
"name":"除数为零的时候，返回错误信息",
"param1":9,
"param2":0,
"expect":"除数不能为零"
},
{
"name":"两个输入参数为不是数字的字符串，返回错误信息",
"param1":"ssd",
"param2":"dd",
"expect":"请输入正确的参数，参数必须是整数型或者可以转换为整数型的字符串"
},
{
"name":"输入参数为不是数字的字符串，返回错误信息",
"param1":"ssd",
"param2":"11",
"expect":"请输入正确的参数，参数必须是整数型或者可以转换为整数型的字符串"
},
{
"name":"参数不是整型也不是字符串，返回错误信息",
"param1":{"as":"value"},
"param2":[11,2,2],
"expect":"请输入正确的参数，参数必须是整数型或者可以转换为整数型的字符串"
}
]
```

我们可以看到testDataList列表中包含了9个元素，每个元素都是一个字典数据类型，包含"name"、"param1"、"param2"和"expect"四个键值对。

接下来我们需要编写一个测试方法testRunTests()。该测试方法通过一个for循环来迭代运行testDataList列表中的每一个测试案例。我们可以参考以下代码实现。

```
    from MyCalcultor import MyCalculator
    import unittest

    class TestMyCalculatorByList(unittest.TestCase):

      testDataList = [......] #此处省略了上面的列表中的数据定义
      def testRunTests(self):
        calc = MyCalculator()
        for testdata in self.testDataList:

self.assertEqual(testdata["expect"],calc.divide(testdata["param1"]
,testdata ["param2"]))
```

注意：请将 7.3 节中的 MyCalculator.py 源文件复制到当前目录下。

代码运行的结果如图11.3所示。

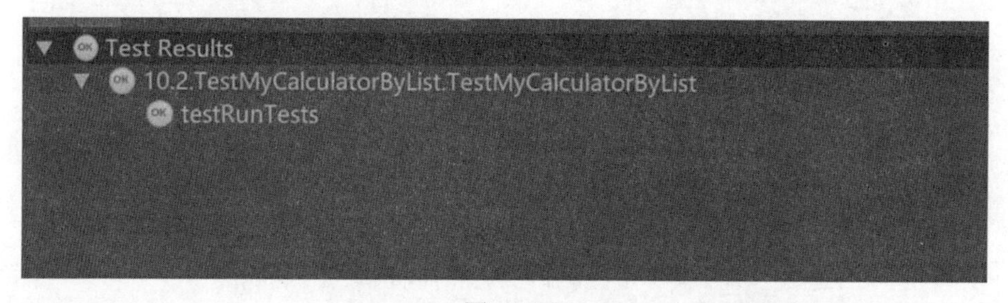

图 11.3

至此，我们实现了测试数据和测试代码的分离。但是，上面的实现代码存在一个问题。如果其中有1个测试案例出现了失败，整个测试案例就失败了。测试执行被中断，后面的测试案例就不能被执行了，这种机制不利于问题的定位和修复。

为了解决这个问题，Python的3.4版本引入了subTest()方法。该方法适用于一个测试方法中的子测试案例差异很小，却需要清楚地展示每个子案例运行结果的情形。

```
subTest(msg=None, **params)
```

该函数返回一个内容管理器。在内容管理器中运行的测试代码会被作为一个子测试。msg参数和params参数是可选的。在子测试运行失败的时候会显示提示信息，以便开发者定位问题。msg参数用于标识子测试的描述性信息。

用subTest()方法，对上面运行的9个测试案例代码进行优化。

```
    from MyCalcultor import MyCalculator
    import unittest


    class TestMyCalculatorByList(unittest.TestCase):


      testDataList = [......]


      def testRunTests(self):
        calc = MyCalculator()
        for testdata in self.testDataList:
          with self.subTest(msg=testdata["name"]):

self.assertEqual(testdata["expect"],calc.divide(testdata["param1"]
,testdata ["param2"]))
```

提醒：请将7.3节中的MyCalculator.py源文件复制到当前目录下。

运行testRunTests()测试方法，会得到如图11.4所示的运行结果。

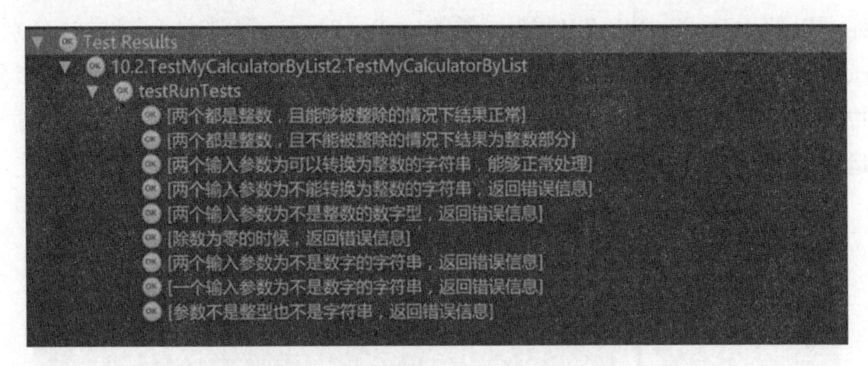

图 11.4

我们看到9个子测试案例都有了自己的描述和运行状态。

挑战问题

编写一个Python的unittest程序TestGetIPInfoWithList.py，对8.1节中查询IP地址所在地信息的接口进行测试，满足以下两个unittest的测试案例的要求。

（1）给定一个正常的IP地址，预期结果为：返回一个JSON数据结构，其键值data对应的值是一个JSON对象，该JSON对象中有一个键值为city的元素，且对应的值为该IP地址所在的城市。

（2）给定一个不完整的、异常的IP地址，预期结果为：返回一个JSON数据结构，其键值data对应的值是一个字符串“invaild ip.”。

测试数据已经被抽离出来定义成一个列表，代码如下。

```
testcaseList=
[{
"msg":"ReturnGoodWhenGetIpInfoGivenNormalIPInBeijing",
"ip":"124.126.228.193",
"expect":"北京市"
},
{
"msg":"ReturnErrorMsgWhenGetIpInfoGivenInvalidIP",
"ip": "124.126.228.",
"expect": "invaild ip."
}]
```

你可以使用TestGetIPInfoWithList类的testRunTheCase()方法。该方法分别读取testcase List列表中两个案例的测试数据，从而实现测试代码和测试数据的初步分离。

每个案例运行之间暂停3秒。

运行的结果如图11.5所示。

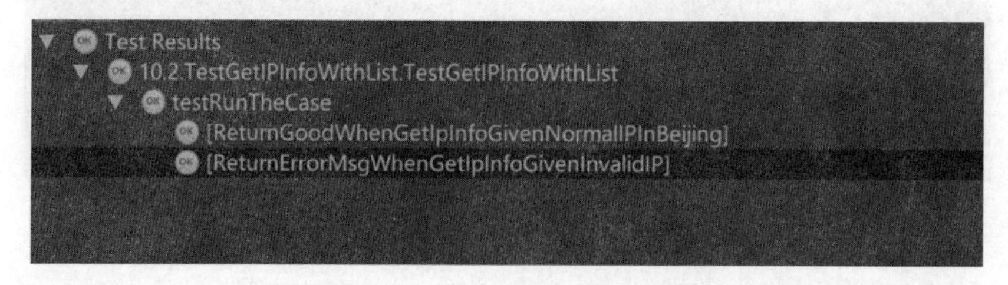

图 11.5

注意：请在10分钟内闭卷完成本“挑战问题”。如果第一次不能闭卷完成或者完成时间超时，请将编写的程序删除后重做一次。

难点提示

本节测试的接口在两个测试案例中会分别返回一个JSON格式的数据。但是，这两个JSON数据对象中，键值data对应的值的数据类型在两个案例中是不同的。

第一个案例中，键值data对应的值为JSON类型，其中键值为city对应的值预期为该IP地址所在的城市。第二个案例中，键值data对应的值为字符串类型，字符串的内容为"invaild ip"。

用同一个方法处理两个案例的数据，当数据的来源不同时，可以考虑先判断键值data对应的值的类型，再进行不同的处理。

知识点

语言基础知识要点

（1）为了防止IP地址被阻止，应该在每一个案例运行前都添加一个sleep()方法，暂停3秒。

（2）testRunTheCase()作用于显示同一个方法中每个案例的运行情况。subTest()方法用于在一个测试案例方法中显示多个子案例的运行情况。

（3）subTest一般与with一起使用。

11.3 数据外化到文件

学习目标

学会用unittest测试HTTP接口。

学习将测试数据外化到文件中。

学习读取文件中的内容。

学习使用正则表达式对文件中的内容进行处理。

知识准备

I-O、屏幕和文件

“算法+数据结构=程序”，这个著名的公式出自Pascal语言之父，图灵奖的获得者，瑞士人Nicklaus Wirth。他写的一本书的书名就叫作《算法+数据结构=程序》（*Algorithms+Data Structures= Programs*）。

除了算法和数据结构，I-O也已经成为很多程序重要的组成部分。所谓I-O，就是INPUT和OUTPUT，即输入和输出。

随着计算机的发展，输入和输出的含义已经非常广泛。输入就是从文件读取数据，最简单的输入方面的例子，就是让程序具备获取键盘输入的信息的能力；而输出就是将加工处理后的数据保存到文件中，最简单的输出方面的例子，就是屏幕显示。首先，在本地的当前目录创建一个名为hello.txt的文件，文件的内容如下：AAAAA、BBBBB、CCCCC。

我们将其读取出来，并打印到屏幕上。

```
helloFile = open("hello.txt","r",encoding="utf-8")
strLine = helloFile.readlines()
for line in strLine:
  print(line)
helloFile.close()
```

是不是很简单？上面的第一行代码，是用open()方法打开一个文件。该方法会返回一个文件读写的句柄对象，然后，调用这个对象的相应的方法就可以读写文件。读写完毕之后，一定要记得调用close()方法关闭文件。

关于open()和close()方法的详细用法，可以参见本书资源包中的内容。请记住，open()方法的第一个参数是文件的路径名，第二个参数是读写模式。读写模式一共有8种，分别用8个字符作为参数传递给open()方法。

小练习

请查阅相关资料，分别找到8个字符的含义和混搭的用法。

encoding参数用于设置文件的编码格式，默认的编码格式是与平台相关的。

下面重点介绍一下readlines()方法。

```
file.readlines( sizehint )
```

该方法读取数据流（文件）中的内容，返回的内容为一个列表类型的数据，列表中保存的是每一行的内容。sizehint参数可以用于控制读取内容的行数，如果该参数小于文件的总行数，只会读取该参数指定的数值的行数。

注意：可以直接在文件对象之上使用迭代器，而不需要调用file.readlines()方法。

也就是说，我们可以改写上一页的代码。

```
helloFile = open("hello.txt","r",encoding="utf-8")
for line in helloFile:
  print(line)
helloFile.close()
```

优化后的代码与之前的代码运行的效果是一样的。在对文本文件进行按行读取的时候，我们可以直接在helloFile文件句柄对象上运行for迭代器。

现在我们编写一个程序，将DDDDD附加到hello.txt文件的最后一行。编写的程序运行之后，hello.txt文件的内容应该是这样的。

```
AAAAA
BBBBB
CCCCC
DDDDD
```

运行下面的代码，看看hello.txt文件是否和我们预想的一样？

```
helloFile = open("hello.txt","w")
helloFile.write("DDDDD")
helloFile.close()
```

很遗憾，与我们的预期结果不一样。

小练习

修改上面程序的代码中的一行，就可以实现我们的需求。

初识正则表达式

正则表达式是特殊的字符串序列，可用于检查给定的字符串是否符合某种模式。

比如，我们定义日期的模式是：四位数字代表年，之后加“-”；两位数字代表月，之后加“-”；两位数字代表日，例如“2017-05-08”。那么我们就可以用这个日期模式匹配一个给定的字符串看它是不是符合我们的要求。

在正则表达式的模式定义语法中，“\d ”用于指定一个数字。

所以，我们可以将日期的正则表达式的模式定义为“\d\d\d\d-\d\d-\d\d”

现在我们执行下面的代码，看看运行的效果。

```
>>> import re
>>> print(re.match("\d\d\d\d-\d\d-\d\d","2017-05-08"))
<re.Match object; span=(0, 10), match='2017-05-08'>
>>>
```

Python中的re模块用于提供正则表达式的全部功能。

re模块有两个重要的函数，是re.match()和re.search()。

这里我们使用re.match()方法，这个方法会根据参数中给定的模式，从第一个字符开始匹配字符串是否符合要求，如果不符合，就返回一个None对象；如果符合就会返回一个匹配对象。

我们发现，re.mach()方法返回了一个匹配对象，表明给定的字符串“2017-05-08”符合我们定义的日期模式。

下面介绍re.match()方法的定义。

```
re.match(pattern, string, flag=0)
```

- 第一个参数：pattern，用于传入需要匹配的模式定义字符串。
- 第二个参数：string，用于传入被匹配和检查的字符串内容。
- 第三个参数：flag，用于传入一些标识，比如是否区分大小写。

此外，re.match()方法会从第一个字符开始匹配是否符合给定的模式，如果不符合，就会返回一个None对象；如果符合就会像上面的例子一样返回一个匹配对象。再来看看下面的例子。

```
>>> import re
```

```
>>> print(re.match("\d\d\d\d-\d\d-\d\d","2017-5-8"))
None
>>>
```

我们看到程序返回了None对象。因为模式中要求月和日都要有两个数字。那么，如何让模式既可以识别一位数字的月份，又可以识别两位数字的月份呢？

这里就要用到大括号（{}），大括号在正则表达式中有特殊的含义，用于表示重复，最常用的方式是{m,n}的格式，第一个m是最少重复的次数，第二个n是最多重复的次数。比如，如果希望正则表达式模式可以同时匹配一位和两位数字的月份和日期，可以将模式修改成以下的样子。

```
\d\d\d\d-\d{1,2}-\d{1,2}
```

重新运行一下上面的例子。

```
>>> import re
>>> print(re.match("\d\d\d\d-\d{1,2}-\d{1,2}","2017-05-08"))
<re.Match object; span=(0, 10), match='2017-05-08'>
>>> print(re.match("\d\d\d\d-\d{1,2}-\d{1,2}","2017-5-8"))
<re.Match object; span=(0, 8), match='2017-5-8'>
>>>
```

我们看到，此时一位和两位的月份和日期都可以正确匹配了，re.match()方法返回了匹配对象，而不是None。其实，大括号内还可以只用一个数字作为参数，比如，{m}就表示模式前面的字符必须重复m次。

```
>>> print(re.match("\d{4}-\d{1,2}-\d{1,2}","2017-5-8"))
<re.Match object; span=(0, 8), match='2017-5-8'>
>>>
```

{m,}的格式表示至少重复m次。同时，为了简化一些重复次数模式，正则表达式中还定义了重复次数的简化字符。

- “*”字符代表{0,}，表示重复 0 次或者多次。
- “+”字符代表{1,}，表示重复 1 次或者多次。
- “?”字符代表{0,1}，表示重复 0 次或者 1 次。

比如，我们将被匹配的日期字符串改成“2017-05-08”，在日期字符串的前面增加了多个空格。

```
>>> import re
>>> print(re.match("\d{4}-\d{1,2}-\d{1,2}","   2017-05-08"))
None
>>>
```

此时，由于re.match()方法是从第一个字符开始匹配的，但是给定的日期字符串前面加了多个空格，导致第一个字符匹配不成功，所以返回了None。

为了兼容日期前面可能出现多个空格的情况，我们就需要用到“*”字符。我们将正则表达式的模式进行以下的修改。

```
\s*\d{4}-\d{1,2}-\d{1,2}
```

在正则表达式的模式定义语法中，\d用于指定一个数字，\s在这里用于代表一个空格，\s*代表0个或者多个空格。

```
>>> import re
>>> print(re.match("\s*\d{4}-\d{1,2}-\d{1,2}","   2017-05-08"))
<re.Match object; span=(0, 13), match='   2017-05-08'>
>>>
```

我们看到，现在又匹配成功了。当然，学了这么多，我们一定要知道，其实最简单的模式就是字符串本身。千万不要忘了这一点。

```
>>> import re
>>> print(re.match("success","success in registation"))
<re.Match object; span=(0, 7), match='success'>
>>>
```

小练习

请自行根据学习资料，掌握以下特殊定义在正则表达式中的含义。

\D：____

\S：____

\w：____

\W：____

例句“2017-05-08是很好的一天”，我们希望能够将其中的日期提取并打印出来，应该怎么做？我们运行以下的代码。

```
>>> import re
>>> result = re.match("\s*(\d{4}-\d{1,2}-\d{1,2})"," 2017-05-08
是很好的一天")
>>> print(result.group(1))
2017-05-08
```

这里，我们运用已学过的知识成功匹配了这个字符串。在此基础上，调用返回的匹配对象的group()方法，来提取我们希望得到的日期字符串。

re.match()方法匹配成功后，会返回一个匹配对象。该对象有几个方法用于查询对匹配字符串的内容，主要包括group()方法、start()方法、end()方法和span()方法。

例如，group()方法返回匹配成功的子字符串内容。

- 当参数为 0 的时候，返回整个字符串的内容。
- 当参数为 1 的时候，返回第 1 个子字符串的内容，以此类推。

子字符串是通过给特定的模式字符串加上()来确定的。

```
>>> m = re.match(r"(\w+) (\w+)", "Isaac Newton, physicist")
>>> m.group(0)     # 返回这个匹配成功的字符串
'Isaac Newton'
>>> m.group(1)     # 第一个加上括号的子字符串
'Isaac'
>>> m.group(2)     # 第二个加上括号的子字符串
'Newton'
>>> m.group(1, 2)  # 多个参数会返回一个元组
('Isaac', 'Newton')
```

我们看到，上面模式字符串中有两个加号，中间有空格。我们通过这种方式来确定两个子字符串。如果match.group()方法传入多个数字参数，会返回一个元组。

以上仅仅是关于正则表达式的初步介绍，有兴趣的读者可以进一步学习，然后再解决“挑战问题”。

小练习

正则表达式有14个字元，我们已经介绍了其中一部分，请回答下面元字符的含义：

^ ______________________________

$ ______________________________

* ______________________________

+ ______________________________

? ______________________________

\ ______________________________

| ______________________________

大括号{ } ______________________________

方括号[ ] ______________________________

小括号( ) ______________________________

在上面例子中，re.match(r"(+) (+)","Isaac Newton, physicist")语句的第一个参数，前面的r的作用是什么？

____

re.match()方法和re.search()方法的区别是什么？

____

挑战问题

编写一个Python的unittest程序TestGetIPInfoByFile.py，测试案例的要求与11.2节的“挑战问题”相同。但是我们这里要增加一个额外的要求，即数据要从一个测试案例文本文件中读取，也就是说，11.2节的“挑战问题”中的testcaseList列表中的数据要来自一个文件。

```
#案例目的：测试获取 IP 地址所在地理信息 API
"案例意图":"给定一个北京地区的 IP 地址，应该能够正确返回地理信息，并且 city 值为：北京市",
"msg":"ReturnGoodWhenGetIpInfoGivenNormalIPInBeijing",
"ip":"124.126.228.193",
"expect":"北京市"
```

```
-----------------------------------------
"案例意图":"给定一个非法的 IP 地址，应该返回错误信息: invaild ip.",
"msg":"ReturnErrorMsgWhenGetIpInfoGivenInvalidIP",
"ip": "124.126.228.",
"expect": "invaild ip."
---------------------------------------------
```

测试案例文本文件的格式需要满足以下要求：

（1）测试案例文本中以#开头的行是注释，#前面可能有多个空格。

（2）每行的数据如果包含三个以上连续的“-”字符，并且除此之外没有其他可见字符（可以有空格），表示一个案例的结束。

（3）每个案例都采用键值对的格式。

从本书资源包中下载11.3文件夹，该文件夹中有三个测试案例文件，要求将三个测试案例文件按顺序全部加载并运行。

运行结果如图11.6所示。

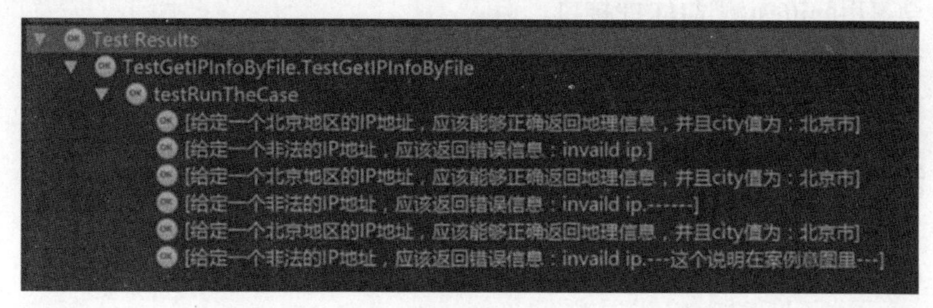

图 11.6

建议使用re.match()方法或者re.search()方法，在文件之间增加5秒等待时间，以防止IP地址被封。

注意：请在 10 分钟内闭卷完成本“挑战问题”。如果第一次不能闭卷完成或者完成时间超时，请将编写的程序删除后重做一次。

难点提示

匹配每一行的数据时，可以使用（[^\"]）格式的语句进行键值对的匹配。

知识点

语言基础知识要点

（1）为什么示例中pattern字符串前面要加r，加r和不加r的区别是什么？

（2）正则表达式的14个字元，常用的表达式模式和特殊符号需要牢记。

（3）re.match与re.search的区别。

（4）match.group()方法的第一个加上括号的子字符串出现在match.group(1)的位置，而不是match.group(0)的位置。

（5）文件readLines()方法返回的是一个字符串列表。

11.4 数据外化到Excel

学习目标

学习用unittest测试HTTP接口。

学习将测试数据外化到Excel文件中。

学习读取Excel文件中的内容。

知识准备

Excel 操作

在仅仅考虑数据处理的情况下，让开发人员一个一个操作cell的方法完全不符合Python的设计哲学！

```
Simple is better than complex.
简单胜过复杂。
Complex is better than complicated.
复杂胜过繁复。

            ——Zen of Python
```

用Python操作Excel，如不考虑格式化、字体、颜色和图表的情况，推荐使用

pyexcel库。

首先看一下pyexcel的口号。

```
pyexcel - Let you focus on data, instead of file formats.
Pyexcel - 让你聚焦数据，而不是文件格式。
```

这样讲还是太抽象，下面来点感性认识。以下示例的内容参考了pyexcel官网。假设你要处理如图11.7所示的Excel数据。

名字	年龄
a_kui	42
mxt	33
yourName	21

图 11.7

下面的代码是pyexcel库的使用示例。

```
import pyexcel as pe
records = pe.iget_records(file_name="your_file.xls")
for record in records:
  print("%s is aged at %d" % (record['Name'], record['Age']))
```

下面的代码是输出结果。

```
a_kui is aged at 42
mxt is aged at 33
YourName is aged at 21
```

直接读取Excel文件将数据转化成字典类型，这才是Python的处理哲学！

pyexcel 的安装

pyexcel的简易安装通过pip或pip3进行，如图11.8所示。

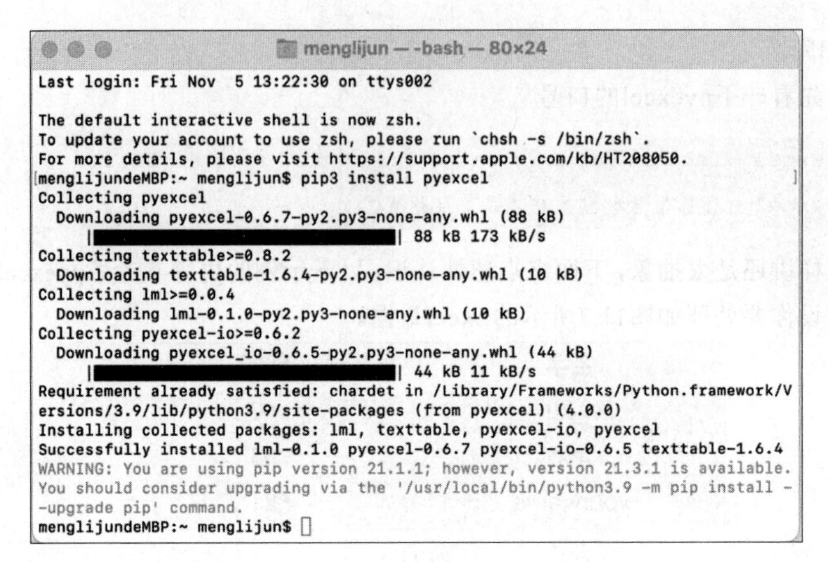

图 11.8

安装完毕后，还需要记住一点：pyexcel通过插件的方式实现多种Excel文件格式的操作。要支持不同的Excel文件格式，如csv、xls,、xlsx，只需要安装对应的插件就可以了。插件的列表如图11.9所示。

Package name	Supported file formats
pyexcel-io	csv, csvz [1], tsv, tsvz [2]
pyexcel-xls	xls, xlsx(read only), xlsm(read only)
pyexcel-xlsx	xlsx
pyexcel-xlsxw	xlsx(write only)
pyexcel-ods3	ods
pyexcel-ods	ods
pyexcel-odsr	ods(read only)
pyexcel-text	(write only)json, rst, mediawiki, html, latex, grid, pipe, orgtbl, plain simple
pyexcel-handsontable	handsontable in html
pyexcel-chart	svg chart

图 11.9

Package name：包名，Supported file formats：支持的文件格式

由于后面的示例中要处理xlsx格式文件，所以我们需要安装pyexcel-xlsx插件，如图11.10所示。

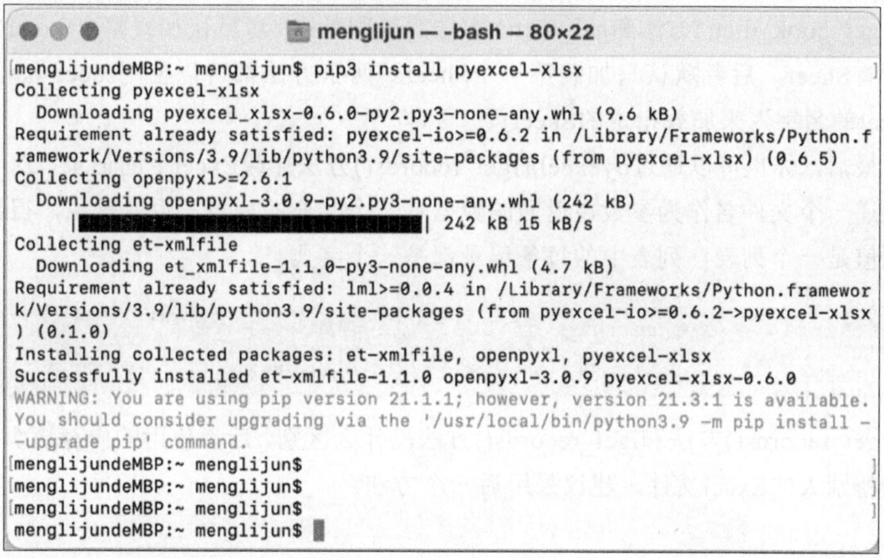

```
menglijundeMBP:~ menglijun$ pip3 install pyexcel-xlsx
Collecting pyexcel-xlsx
  Downloading pyexcel_xlsx-0.6.0-py2.py3-none-any.whl (9.6 kB)
Requirement already satisfied: pyexcel-io>=0.6.2 in /Library/Frameworks/Python.f
ramework/Versions/3.9/lib/python3.9/site-packages (from pyexcel-xlsx) (0.6.5)
Collecting openpyxl>=2.6.1
  Downloading openpyxl-3.0.9-py2.py3-none-any.whl (242 kB)
     |████████████████████████████████| 242 kB 15 kB/s
Collecting et-xmlfile
  Downloading et_xmlfile-1.1.0-py3-none-any.whl (4.7 kB)
Requirement already satisfied: lml>=0.0.4 in /Library/Frameworks/Python.framewor
k/Versions/3.9/lib/python3.9/site-packages (from pyexcel-io>=0.6.2->pyexcel-xlsx
) (0.1.0)
Installing collected packages: et-xmlfile, openpyxl, pyexcel-xlsx
Successfully installed et-xmlfile-1.1.0 openpyxl-3.0.9 pyexcel-xlsx-0.6.0
WARNING: You are using pip version 21.1.1; however, version 21.3.1 is available.
You should consider upgrading via the '/usr/local/bin/python3.9 -m pip install -
-upgrade pip' command.
menglijundeMBP:~ menglijun$
menglijundeMBP:~ menglijun$
menglijundeMBP:~ menglijun$
menglijundeMBP:~ menglijun$
```

图 11.10

使用 pyexcel 读取 xls 或者 xlsx 格式的文件

要将数据转化为数组，可以直接使用pyexcel包里的get_array()方法。

```
# Import `pyexcel`
import pyexcel
# Get an array from the data
my_array = pyexcel.get_array(file_name="test.xls")
```

使用get_dict()方法也可以将数据加载为一个有序的字典列表。

```
# Get your data in an ordered dictionary of lists 将数据加载为一个有序的字典列表
my_dict = pyexcel.get_dict(file_name="test.xls", name_columns_by_row=0)
备注：name_columns_by_row  用于指定列的标题所在的行，默认为0。
```

```
# Get your data in a dictionary of 2D arrays 将数据加载为一个二维数组的字典
book_dict = pyexcel.get_book_dict(file_name="test.xls")
```

get_book_dict()方法和get_dict() 方法的区别是：前者默认加载整个Excel文件的所有Sheet，后者默认只加载第一个Sheet。两个方法都可以使用sheet_name = "Sheet的名字"来加载指定的Sheet页。

最后，你也可以通过pyexcel的get_records()方法加载Excel中的记录。这个方法传递一个文件名作为参数，返回的数据是一个字典的列表，也就是说，得到的返回值是一个列表，列表中的每条记录都是一个字典。

```
# Retrieve the records of the file 得到文件中的记录
records = pyexcel.get_records(file_name="test.xls")
```

get_records()方法和iget_records()方法没什么区别，后者使用的内存更少。如果是特别大的Excel文件，建议采用后一个方法。

小练习

请自己建立一个Excel文件，将上面提到的方法一个一个地尝试，将返回的结果打印出来。

pyexcel有以下几个常用的方法。

- pyexcel.get_records()
- pyexcel.iget_records()
- pyexcel.get_dict()
- pyexcel.get_book_dict()
- pyexcel.get_array()

以上方法都可以使用file_name和sheet_name两个常用参数。

在不指定sheet_name参数的情况下，除了get_book_dict()方法默认会加载所有的Sheet页中的数据，其他四个方法默认只会加载第一个Sheet页的数据。

用 pyexcel 写文件

pyexcel可以将Excel数据加载为数据阵列（如字典类型、列表类型），也可以将数据阵列导出到Excel数据页。其中的save_as()方法有两个参数，分别是需要存储的数组及目标文件名。

```
# Get the data 声明一个数据阵列，如数组列表 data
data = [[1, 2, 3], [4, 5, 6], [7, 8, 9]]

# Save the array to a file 保存数组到文件
pyexcel.save_as(array=data, dest_file_name="array_data.xls")
```

注意：如果你想指定分隔符，可以增加一个 dest_delimiter 参数，将希望使用的分隔符放在引号之间，传递给该参数。

如果需要存储的数据是字典，你需要使用save_book_as()方法，将二维字典变量传递给bookdict参数，并指定好文件名。

```
# The data
2d_array_dictionary = {'Sheet 1': [
                ['ID', 'AGE', 'SCORE']
                [1, 22, 5],
                [2, 15, 6],
                [3, 28, 9]
               ],
          'Sheet 2': [
                ['X', 'Y', 'Z'],
                [1, 2, 3],
                [4, 5, 6]
                [7, 8, 9]
               ],
          'Sheet 3': [
                ['M', 'N', 'O', 'P'],
                [10, 11, 12, 13],
                [14, 15, 16, 17]
                [18, 19, 20, 21]
               ]}
```

```
    # Save the data to a file
    pyexcel.save_book_as(bookdict=2d_array_dictionary,
dest_file_name="2d_array_data.xls")
```

注意：当你采用上面的代码保存数据时，字典中的数据顺序不一定是按照添加的顺序保存的。如果希望保存字典中的数据顺序，则需要采取一些绕行方法。其中OrderedDict便是一种绕行方法，它提供了一种可以保证存放顺序和添加顺序一致的数据结构，下面介绍其使用方法。

```
    import collections
    data = collections.OrderedDict()
    data.update({"Sheet 2":
a_dictionary_of_two_dimensional_arrays['Sheet 2']})
    data.update({"Sheet 1":
a_dictionary_of_two_dimensional_arrays['Sheet 1']})
    data.update({"Sheet 3":
a_dictionary_of_two_dimensional_arrays['Sheet 3']})
    pyexcel.save_book_as(bookdict=data, dest_file_name="book.xls")
```

挑战问题

编写一个Python的unittest程序TestGetIPInfoByExcel.py，测试案例的要求与11.2 节的挑战问题相同。但是这里要增加一个额外的要求，即数据要从一个包含测试案例Sheet页的Excel文件中读取。文件内容示例如图11.11所示。

案例编号	案例意图	输出案例描述	ip	expect
1	给定一个正确的IP地址，应该能够正确返回地理信息	给定一个北京地区的IP地址，应该能够正确返回地理信息，并且city值为：北京市	124.126.228.193	北京市
2	给定一个非法的IP地址，应该返回错误信息：invaild ip.	给定一个非法的IP地址，应该返回错误信息：invaild ip.	124.126.228.	invaild ip.

图 11.11

注意：不要短时间内大量发送请求。短时间发送大量请求会导致自己的

IP被网站认为是恶意的，网站对该IP请求的响应时间会变长。

两个unittest的测试案例请参考11.2节的挑战问题。

将测试数据抽离出来写成一个文本文件，通过test方法testRunTheCase来运行文本文件中的测试案例。

从本书资源包中下载11.4文件夹，将文件夹中的Excel文件作为测试案例文件。

建议文件之间增加5秒等待时间。运行的结果如图11.12所示。

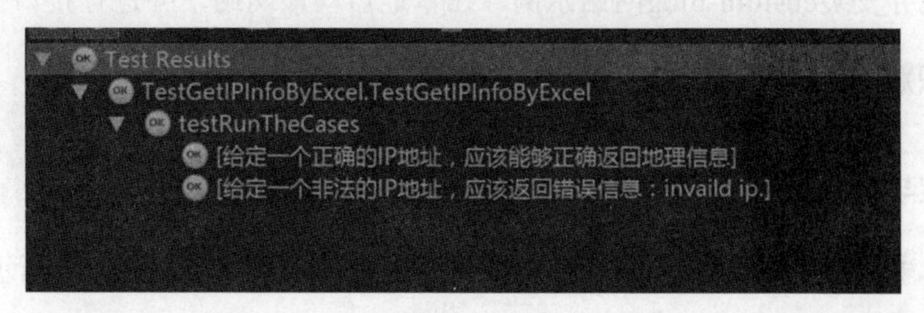

图 11.12

注意：请在10分钟内闭卷完成本“挑战问题”。如果第一次不能闭卷完成或者完成时间超时，请将编写的程序删除后重做一次。

知识点

语言基础知识要点

Excel文件的读写有很多第三方库，包括openpyxl、xlrd和pyexcel等，这里只推荐pyexcel。

拓展

到这里，你可能已经会做HTTP接口测试了，在自己的日常工作中找几个HTTP的接口试一下吧！

第十二章　普通 Web 接口测试（有状态）

12.1　接口探索

学习目标

下载并安装custom-blog网站示例，在本地启动该网站，并进行接口探索。

知识准备

安装与功能探索

从本书的资源包中下载custom-blog文件夹，文件夹内容如图12.1所示。

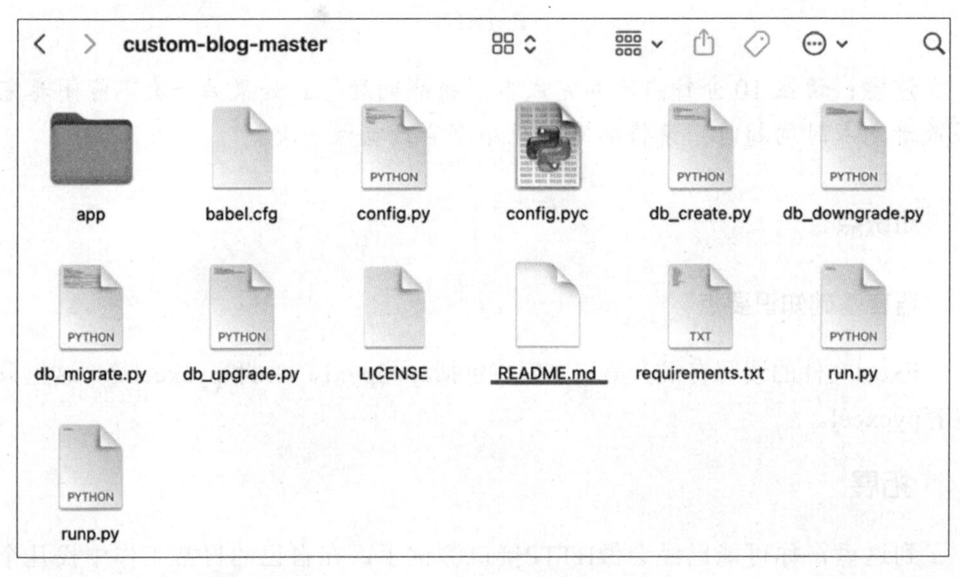

图 12.1

按照README.md中的步骤安装并运行custom-blog应用。custom-blog是一个定制博客的Web应用示例，基于Python 3.6 + Flask微框架 + Sqlite数据库创建。

运行后的终端界面如图12.2所示。

```
menglijundeMBP:custom-blog-master menglijun$ python run.py
 * Running on http://127.0.0.1:5000/ (Press CTRL+C to quit)
 * Restarting with stat
 * Debugger is active!
 * Debugger PIN: 110-613-985
127.0.0.1 - - [22/Nov/2021 15:36:35] "GET / HTTP/1.1" 200 -
127.0.0.1 - - [22/Nov/2021 15:36:36] "GET /static/css/bootstrap.min.css HTTP/1.1" 200 -
127.0.0.1 - - [22/Nov/2021 15:36:36] "GET /static/css/custom.css HTTP/1.1" 200 -
127.0.0.1 - - [22/Nov/2021 15:36:36] "GET /static/js/jquery-1.9.1.min.js HTTP/1.1" 200 -
127.0.0.1 - - [22/Nov/2021 15:36:36] "GET /static/js/bootstrap.min.js HTTP/1.1" 200 -
127.0.0.1 - - [22/Nov/2021 15:36:36] "GET /static/js/moment-with-locales.min.js HTTP/1.1" 200 -
```

图 12.2

运行后，按照要求打开浏览器，输入URL地址http://127.0.0.1:5000，出现如图12.3所示的界面。

图 12.3

custom-blog网站涉及的英文词汇翻译如下：

Log In：登录；Log Out：退出；Register：注册；Edit Profile：编辑用户资料；Write New Post：发新帖子；Update：更新；Delete：删除，The title has a forbidden symbols：标题中包含被禁止的标识符；Field must be between 10 and 140 characters long：字段的长度必须在10到140之间。

小练习

请浏览custom-blog网站，列举一下网站的基本功能项。

接口探索

接口探索需要使用浏览器，Chrome和Firefox均可。下面用Firefox演示一个接口探索的例子。

用Firefox浏览器登录后，单击上面自己名字的链接，进入用户的Profile页，如图12.4所示。

图 12.4

单击Firefox浏览器右侧的“菜单”按钮，会出现功能列表，选择单击“开发者”按钮或直接使用快捷键“Ctrl+Shift+I”，如图12.5所示。

图 12.5

在打开的页面中选择“网络”子菜单项或者使用快捷键“Ctrl+Shift+Q”，就可以进入Firefox浏览器的开发者模式界面了，如图12.6所示。

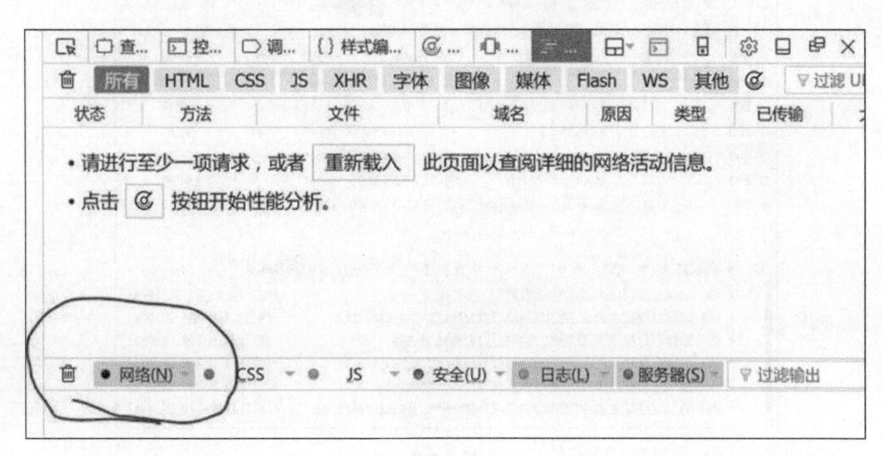

图 12.6

其他子菜单暂时不必太过关注。单击custom-blog网站页面中的“Edit Profile”链接，用户界面如图12.7所示。

Home | **Hello, a_kui!**, Log Out

Edit Profile

Your nickname:

a_kui

About yourself:

好好学习天天向上！
独立思考，表里如一！

Save

图 12.7

开发者模式的界面会变成如图12.8所示。

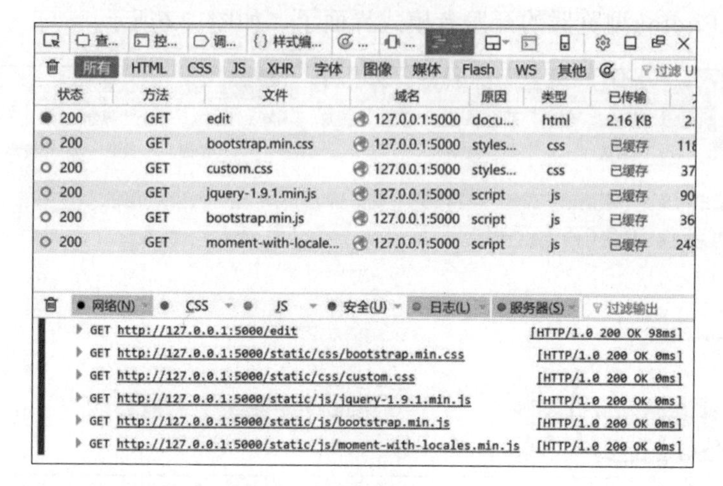

图 12.8

我们看到，虽然用户只是单击了左侧页面中的“Edit Profile”链接，但浏览器却发送了6个GET请求，这6个请求的后5个都是对CSS和JS文件的请求，只有第一个是向http://127.0.0.1:5000/edit，URL地址发送的GET请求。

单击GET前面的三角折叠图标，将请求的信息打开，出现如图12.9所示的界面。

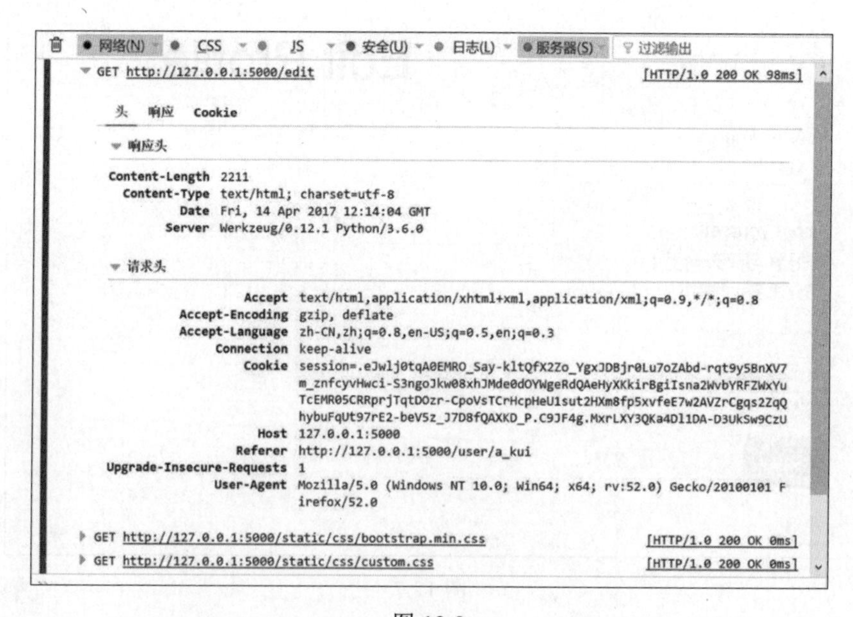

图 12.9

这个GET请求的功能是：查询用户的个人信息用于后续的编辑。该请求的URL地址为http://127.0.0.1:5000/edit。请求头中的Referer字段为http://127.0.0.1:5000/user/a_kui，表明这个GET请求来自页面的URL。

响应报文头中的“Content-Length”字段表示响应报文的长度。单击“响应”标签页，会看到返回报文的具体内容。报文中的“Content-Type text/html;charset=utf-8”表明这个响应报文的内容是HTML格式的采用UTF-8编码。我们还看到Cookie标签中有session字段，可以推测该接口需要登录后才能正常使用，因为请求报文中没有指明是哪个用户，但是返回的页面却可以正确地返回用户Profile信息，说明服务端是通过Session中的信息得到当前用户的用户名或者用户ID的。

下面，我们探测一个新的接口，其URL地址为http://127.0.0.1:5000/edit。我们尝试回答以下8个问题（简称“接口八问”）。

该接口的请求地址是什么？
回答：http://127.0.0.1:5000/edit 。
该接口的功能描述是什么？
回答：查询用户的个人信息。
该请求接口是 GET 还是 POST？
回答：GET。
该接口需要在登录情况下才有用吗？
回答：是的。
该接口有上送数据吗？上送的数据是什么？
回答：没有上送数据。
该接口返回的状态码是多少？
回答：200。
该接口返回报文体的格式和编码是什么？
回答：text/html;charset=utf-8，HTML 格式，编码为 UTF-8。
该接口返回的内容是什么？
回答：用户的个人信息，具体可以通过响应报文中的报文体来查看。

此时你可以在简单地填写用户的Profile资料后，单击“Save”按钮，重点观察网络监控到的请求和响应情况。你会发现一个POST接口。

尝试回答“接口八问”，以下空出来的部分请根据自己的探测回答。

该接口的请求地址是什么？

回答：http://127.0.0.1:5000/edit。

该接口的功能描述是什么？

回答：修改用户的个人信息。

该请求接口是GET还是POST？

回答：POST。

该接口需要在登录情况下才有用吗？

回答：是的。

该接口有上送数据吗？上送的数据是什么？

回答：____

该接口返回的状态码是多少？

回答：____

该接口返回报文体的格式和编码是什么？

回答：____

该接口返回的内容是什么？

回答：____

挑战问题

（1）本地安装custom-blog网站，通过终端启动custom-blog网站。

（2）通过http://127.0.0.1:5000路径登录custom-blog网站，单击右上的Log In，开始对网站的功能进行探测，并列举出至少6个custom-blog网站的功能接口。

（3）修改自己的信息，写一个帖子并发布。

这时的网站页面应该变成图12.10所示的样子。

尝试对网站中6个以上的接口进行探测，对每个发现的接口回答“接口八问”。

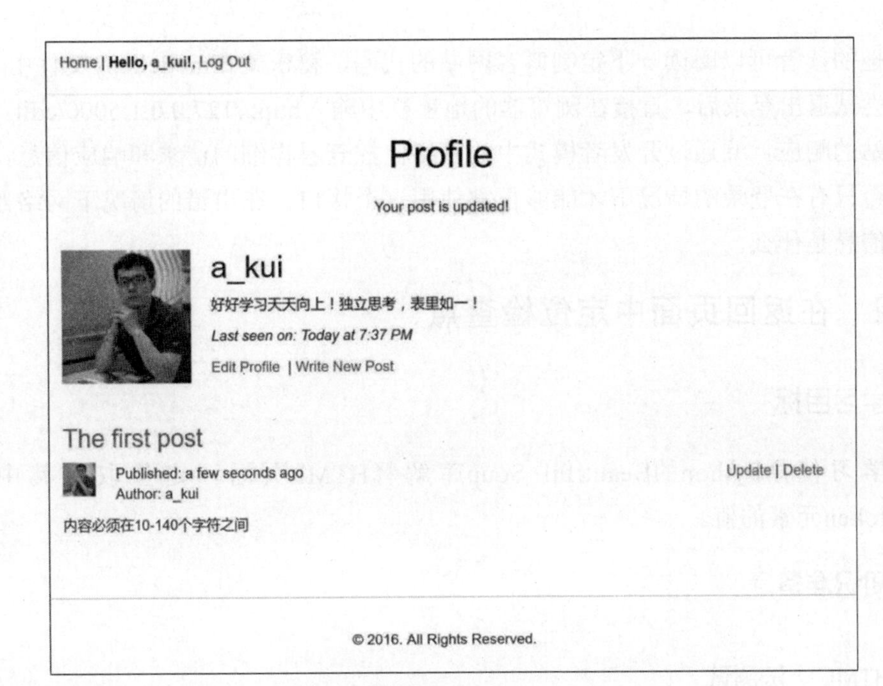

图 12.10

知识点

接口探测要点

（1）对网站的功能进行探测，并进行功能的列举，是测试人员的必备技能，只有了解功能后才能进行功能的测试。

（2）通过Firefox浏览器开展HTTP接口探测是接口测试的必备技能，需要多看，多练习。

（3）对HTTP协议不够了解的读者，在开展接口探测的时候会遇到一些困难，建议复习9.3节。

拓展

是不是对于上面的头像怎么显示出来很感兴趣？

打开http://cn.gravatar.com/网站，在定制博客网站中注册用户，该注册邮箱与你本地网站的要是同一个，然后上传头像图片。

你只要启动本地的定制博客网站，保持电脑处于联网状态，头像就会出现。

有兴趣的读者可以阅读一下定制博客网站的代码，秘密就在models.py文件中。

尝试退出登录后，直接在浏览器的地址栏中输入http://127.0.0.1:5000/edit，观察网站的响应，并通过开发者模式中的网络监控查看详细的请求和响应信息，确认是否只有在登录的情况下才能够正常使用这个接口，在出错的情况下网络监控到的信息是什么。

12.2 在返回页面中定位检查点

学习目标

学习使用Python的Beautiful Soup库解释HTML页面，定位取得其中的csrf_token元素的值。

知识准备

HTML 语法测试

本节内容需要你对HTML已有初步的了解。如果你看不懂下面的代码，回答不了下面这段代码的三个问题，请先用一到两天的时间学习一下HTML。

```
    <form action="" method="post" name="login">
      <input id="csrf_token" name="csrf_token" type="hidden"
value="1493480356## f5590d8719f6b312b28b76f8da59a8f8f2aff65e">
      <p>
        Email:<br>
        <input id="email" name="email" size="40" type="text"
value=""><br>
        <br>
        Password:<br>
        <input id="password" name="password" size="40"
type="password" value=""> <br>
        <br>
        Password Confirmation:<br>
```

```
    <input id="cpassword" name="cpassword" size="40"
type="password" value=""><br>
    <br>
  </p>
  <p><input class="btn btn-primary" type="submit"
value="Register"></p>
</form>
```

为了证明你可以看懂上面的HTML代码，请回答以下三个问题：

（1）上面密码域的最大输入长度为多少？

回答：____

（2）选择题，让上面的密码域可以对输入的字符进行“*”隐藏的关键字语句是哪句？

A. name="password"　B. id="password"　C. type="password"

（3）判断题，用上面的代码实现的HTML页面上能够看到"1493480356##f5590d8719f6b312b28b76f8da59a8f8f2aff65e"字符串。

上面的陈述是否正确，为什么？

回答：____

请确定自己能够正确回答上面的三个问题，否则，请继续学习HTML。

初识 Beautiful Soup 库

Beautiful Soup库是一个可以从HTML或XML文件中提取数据的Python库，它提供了一系列用于处理导航、搜索、修改、分析等功能的函数。

简单来说，Beautiful Soup库是一个解释HTML或者XML文件的Python库。本节主要讨论HTML的解释。

为了演示Beautiful Soup库的强大用途，我们先定义一段HTML代码。

```
<html><head>标题</head><body><b>正文</b><a
href="http://example.com/link1" id="link1">链接一</a>
<a href="http://example.com/link2" id="link2">链接二</a><a
href="http:// example.com/link3" id="link3">链接三</a>
</body></html>
```

我们对这段看似很乱的HTML代码进行美化。

首先要安装Beautiful Soup库。Beautiful Soup库并不是Python的标准库，需要安装后才能使用，下面介绍简易安装的命令。

```
$ sudo pip3 install BeautifulSoup4
```

安装完成后，在交互界面中尝试执行以下代码。

```
>>> from bs4 import BeautifulSoup
>>> htmltxt='''<html><head>标题</head><body><b>正文</b><a href=
"http://example.com/link1" id="link1" name="link1" >链接一</a>
... <a href="http://example.com/link2" id="link2" name="link2">链
接二</a>
<a href="http://example.com/link3" id="link3" name="link3">链接三
</a>
... </body></html>'''
>>> soup=BeautifulSoup(htmltxt,"html.parser")
>>> print(soup.prettify())
<html>
 <head>
  标题
 </head>
 <body>
  <b>
   正文
  </b>
  <a href="http://example.com/link1" id="link1" name="link1">
   链接一
  </a>
  <a href="http://example.com/link2" id="link2" name="link2">
   链接二
  </a>
  <a href="http://example.com/link3" id="link3" name="link3">
```

```
 链接三
 </a>
 </body>
</html>
>>>
```

下面对示例中的代码进行解释。

```
from bs4 import BeautifulSoup
```

本行代码是引入BS4库中的BeautifulSoup类，现在Beautiful Soup库已经更新到4.4版本，建议使得最新版本。

```
soup=BeautifulSoup(htmltxt,"html.parser")
```

本行代码将一个包含HTML文本的变量传递给BeautifulSoup类，用于构造一个BeautifulSoup对象，在解释HTML文本的时候，采用html.parser解释器。这个解释器是Python中标准的HTML解释器。一般学习一个HTML解释器就足够了。

```
print(soup.prettify())
```

本行代码的作用是打印美化后的HTML源代码，而soup.prettify()方法的作用是将文档树格式化后，以Unicode编码的字符串返回。每个XML/HTML标签都独占一行。

在 HTML 中定位元素

Beautiful Soup库有很强大的解释、导航、搜索功能，本书仅介绍其中最常用的搜索定位功能。在Beautiful Soup库中用于搜索功能的方法是find_all()。

下面介绍该方法的定义。

```
def find_all(name=None, attrs={}, recursive=True, text=None,
      limit=None, **kwargs)
```

该方法有6个参数，我们重点介绍其中的name、**kwargs和attrs。

name 参数

name参数用于设置特定名称的Tag。Tag概念是Beautiful Soup库中的一个重要概念。所有对象可以归纳为4种，分别是Tag. NavigableString.BeautifulSoup和Comment。Tag对应的是XML或者HTML中的标签。

HTML是一种标记语言，而在标记语言中，核心的概念就是标签。在HTML中，标签是由尖括号包围的关键词，如< html >，而标签一般是成对出现的，比如 < b > 和 < /b >，我们一般称前一个为开始标签，后一个为结束标签。这里需要传递给name参数的就是标签的名字。

还是使用本节前面给出的那个杂乱的HTML。

```
>>> from bs4 import BeautifulSoup
>>> htmltxt='''<html><head>标题</head><body><b>正文</b><a href="http://example.com/link1" id="link1" name="link1">链接一</a>
... <a href="http://example.com/link2" id="link2" name="link2">链接二</a><a href="http://example.com/link3" id="link3" name="link3">链接三</a>
... </body></html>'''
>>> soup=BeautifulSoup(htmltxt,"html.parser")
>>> print(soup.find_all("a"))
[<a href="http://example.com/link1" id="link1" name="link1">链接一</a>, <a href="http://example.com/link2" id="link2" name="link2">链接二</a>, <a href="http://example.com/link3" id="link3" name="link3">链接三</a>]
```

soup.find_all("a")返回了一个数据列表，列表中存储了HTML源代码中所有标记的内容。

```
>>> for element in soup.find_all("a"):print(element)
...
<a href="http://example.com/link1" id="link1" name="link1">链接一</a>
<a href="http://example.com/link2" id="link2" name="link2">链接二</a>
<a href="http://example.com/link3" id="link3" name="link3">链接三</a>
```

```
>>>
```

如果用for循环将结果一一打印出来，我们会感觉更加清晰。

****kwargs 参数**

该参数要求指定一个键值对，在使用find_all()方法进行搜索的时候，会根据键元素来搜索指定的Tag是否有匹配的属性。如果匹配到与键元素相同的属性，并且属性的值与参数中的值元素也相同，才算匹配成功。

继续编写上面的代码。

```
>>> print(soup.find_all("a",id="link2"))
[<a href="http://example.com/link2" id="link2" name="link2">链接二</a>]
>>>
```

此时，仅仅会显示id="link2"标签的内容。

我们看到，上面的标签里也定义了name属性。我们试试用name属性进行搜索，运行以下代码。

```
>>> print(soup.find_all("a",name="link2"))
Traceback (most recent call last):
 File "<stdin>", line 1, in <module>
TypeError: find_all() got multiple values for argument 'name'
>>>
```

出现报错信息。原因是find_all()方法的name参数应该传入的是标签的名字，而这里却又传入了一个name参数。find_all()方法不知道两个name参数应该使用哪一个，故而报错。

那么，如何才能通过name属性来定位标签要素呢？这就需要attrs参数了。

attrs 参数

attrs参数是一个字典类型的参数，用来指定特定标签属性。find_all()方法在搜索的时候会将这个参数作为指定的Tag属性来进行匹配搜索。

继续上面的代码，并使用name属性进行标签要素的定位。

```
>>> print(soup.find_all("a",attrs={"name":"link3"}))
[<a href="http://example.com/link3" id="link3" name="link3">链接三</a>]
>>>
```

这样就可以通过name属性定位元素了。一般来讲，只要掌握了以上3个参数的使用，我们就可以通过Beautiful Soup库来提取HTML报文中的特定标签内容了。

输出标签中的特定属性

Tag对象中有很多方法和属性，其中name和attributes两个属性最为重要。

每个Tag对象都有自己的名字，通过“.name”的形式来获取。

一个Tag可能有很多个属性，下面举个例子说明。

```
<a href="http://example.com/link3" id="link3" name="link3">链接三</a>
```

这个Tag对象有一个href属性、一个id属性和一个name属性。现在继续上面的例子，这次我们准备输出name为link3的标签中的链接地址。

```
>>>print(soup.find_all("a",attrs={"name":"link3"})[0].attrs["href"])
http://example.com/link3
```

这段代码比较复杂，如果能够读懂这段代码的意思，说明你已经较好地掌握了提取和输出Tag对象中特定属性的要义。

下面是一个更加优雅的写法。

```
>>> taglist = soup.find_all("a",attrs={"name":"link3"})
>>> print(taglist[0].attrs["href"])
http://example.com/link3
```

尝试回答以下问题：

为什么上面的代码中要有[0]?

回答：________________________________

下面这行代码输出的结果是什么？

print(soup.find_all("a",attrs={"name":"link3"})[0].name)

回答：________________________________

挑战问题

编写一个Python程序showCsrfToken.py，获取custom-blog网站的登录页面内容（URL地址为http://127.0.0.1:5000/login），并打印出登录页面中name为csrf_token的元素的Value值。结果如图12.11所示。

```
csrf_token属性的值（value）：
1503134821##ble1f802765d176b21c03e213b4c70200cd78a8e
```

图12.11

注意：运行程序的时候，要保证custom-blog网站在本机处于启动状态。

注意：请在10分钟内闭卷完成本“挑战问题”。如果第一次不能闭卷完成或者完成时间超时，请将编写的程序删除后重做一次。

知识点

HTML 语法

- HTML 语言的定义和标签的概念。
- 认识 HTML 源代码。
- 知道以下标签的含义，并且了解这些标签的常用属性。

```
<html> <head> <body> <a> <b><p> <input> <br> <form>
```

Beautiful Soup 库的使用

- 库的安装和引入。
- find_all()方法的使用。
- Tag 对象的 name 和 attrs 属性。

12.3 第一个测试案例

学习目标

编写一个有状态的测试案例，尝试使用Python接口方式登录到custom-blog网站。

知识准备

探测登录接口

通过12.2节的学习，相信你已经发现了这个网站的登录页面。下面就一起进行登录接口的接口探测，尝试回答一下这个接口的“接口八问”。

打开Chrome浏览器，登录custom-blog首页，单击最上方“Log In”链接，出现登录界面。使用10.3节扩展部分的方法打开开发者模式界面后，单击“网络”子菜单，出现如图12.12所示的界面，该界面用于显示网络活动的信息。

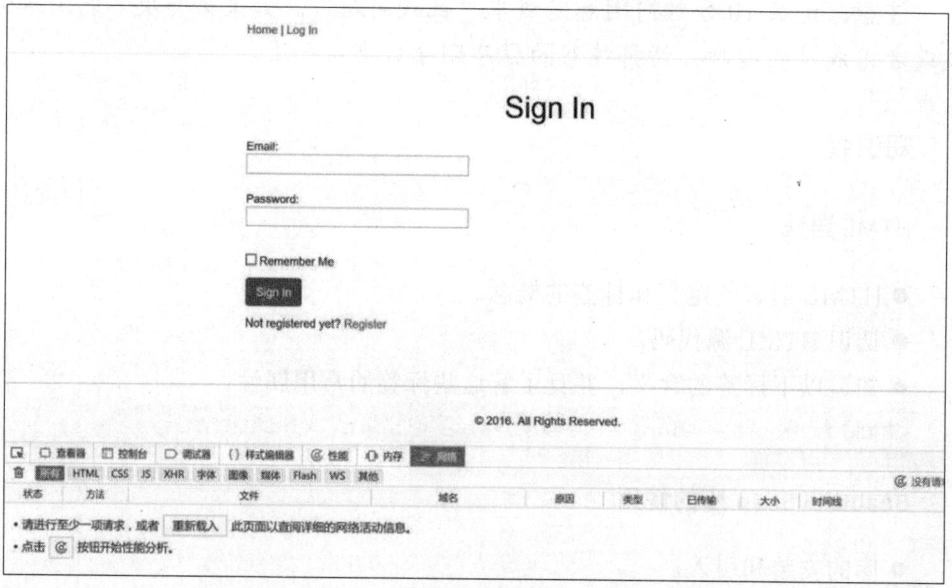

图 12.12

在图12.12所示的界面中输入用户名和密码后，单击“Sign In”按钮，出现界面如图12.13所示。

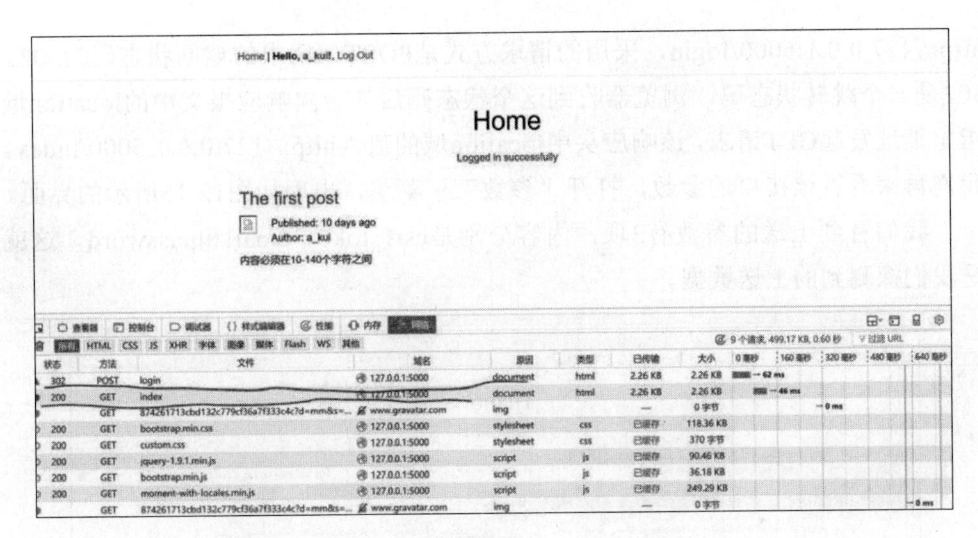

图 12.13

如果界面出现绿色的Logged in successfully，说明你已经登录成功。注意下面开发者模式界面中的两个请求。第一个是访问login页面的POST请求，返回码为302；第二个是访问index页面的GET请求，返回码是200。

单击第一行的请求，界面会出现该请求的详细信息，如图12.14所示。

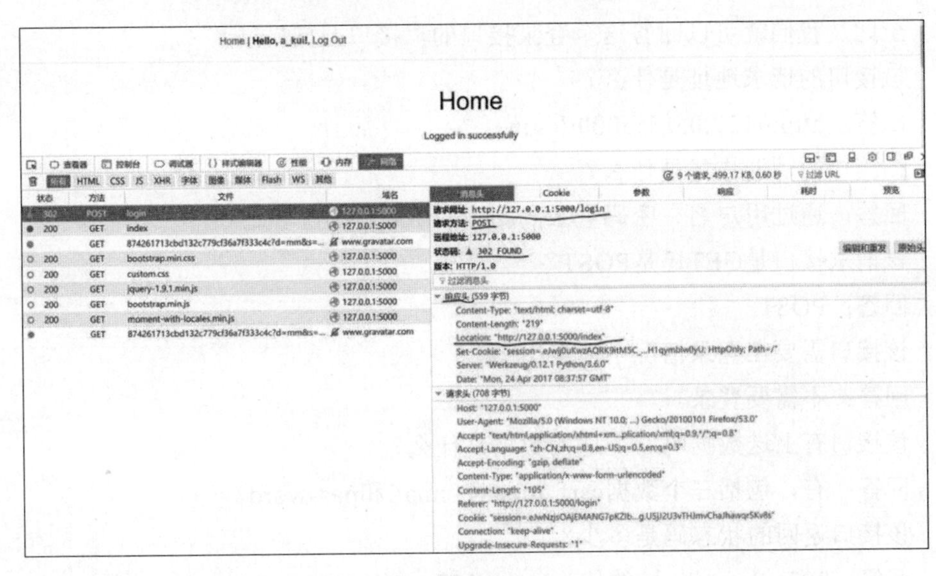

图 12.14

请注意图中的画线部分，我们看到消息头中明确地表明，请求的网址为

http://127.0.0.1:5000/login，采用的请求方式是POST，请求的返回状态码为302。302是一个跳转状态码，浏览器收到这个状态码后就会向响应报文中的location域指定地址发起GET请求，该响应头中location域的值为http://127.0.0.1:5000/index。我们再来看看该接口的参数，打开“参数”子菜单，出现如图12.15所示的界面。

我们看到上送的参数有3项，内容分别是csrf_toke、email和password，这就是我们探测到的上送数据。

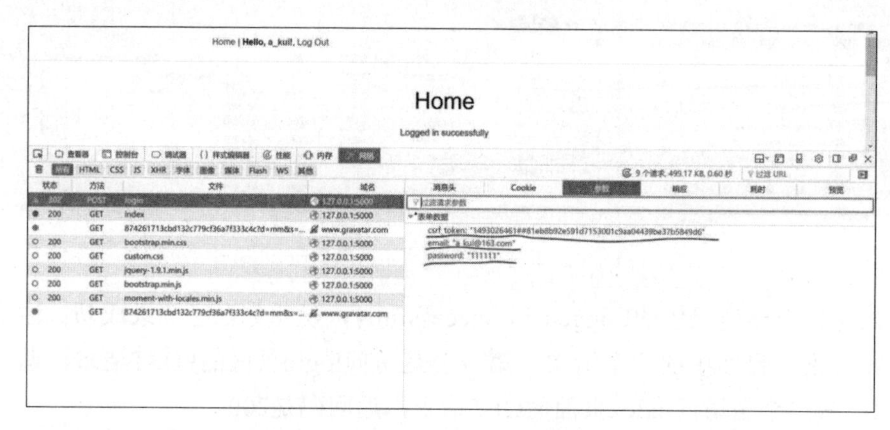

图 12.15 登录请求参数

至此，我们就可以回答这个登录接口的“接口八问”了。

该接口的请求地址是什么？

回答：http://127.0.0.1:5000/login。

该接口的功能描述是什么？

回答：通过用户名、密码登录到custom-blog网站。

该请求接口是GET还是POST？

回答：POST

该接口需要在登录情况下才有用吗？

回答：不需要登录。

该接口有上送数据吗？上送的数据是什么？

回答：有，包括三个数据csrf_token、email和password。

该接口返回的状态码是多少？

回答：302，location域的值为http://127.0.0.1:5000/index。

该接口返回报文体的格式和编码是什么？

回答：HTML格式，编码为UTF-8。

该接口返回的内容是什么？

回答：302，跳转到index页，界面会显示Logged in successfully。

挑战问题

编写一个Python的unittest程序testLogin.py，测试custom-blog网站在用户名、密码正确的时候。允许登录，如图12.16所示。

验证测试案例通过需要达到以下两个条件：

图 12.16

（1）POST请求返回的HTTP状态码为200。

（2）返回的报文内容中包含Logged in successfully。

注意：请在10分钟内闭卷完成本“挑战问题”。如果第一次不能闭卷完成或者完成时间超时，请将编写的程序删除后重做一次。

难点提示

登录接口的csrf_token参数要从登录界面的HTML中获取，而登录界面的HTML内容要通过向 http://127.0.0.1:5000/login发送GET请求获取。

拓展

在验证返回的报文内容中包含Logged in successfully的时候，可以有多种验证的方法。

- self.assertTrue()
- self.assertIn()

尝试分别用assertTrue()和assertIn()两个函数达到在验证返回的报文内容中包含Logged in successfully字段。思考能否找到更多的方法。

12.4 更多测试案例

学习目标

尝试使用Python接口，在custom-blog网站成功注册一个新用户。

知识准备

探测注册接口

相信你通过之前的接口探索，已经发现了custom-blog网站的注册接口。该接口与12.3节的登录接口有很多相似的地方。

custom-blog网站的注册页面如图12.17所示。

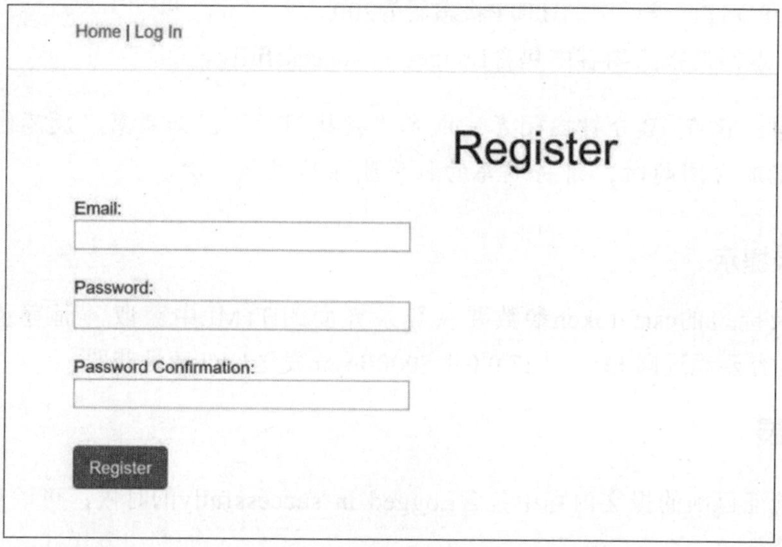

图 12.17

针对这样一个有三个输入框、一个按钮的注册页面，你会设计多少个测试案例场景？如果只让你测试三个案例，你会选择测试哪三个案例？

（1）____

（2）____

（3）____

下面我们尝试对注册接口进行探测，并给出接口的定义，回答“注册接口”

的“接口八问”。

在注册页面打开开发者模式界面，单击“网络”子菜单。输入用于注册的邮箱和两遍密码，单击“Register”按钮。会看到如图12.18所示的界面。

“Sign In”标题下面如果出现绿色的“Registered successfully”，表示你已经注册成功。

注意在开发者模式界面中的两个请求：

- 第一个是向 register 页面发送的 POST 请求，返回状态码 302。
- 第二个是向 login 页面发送的 GET 请求，返回状态码 200。

单击第一行的请求，会出现请求的详细信息，如图12.19所示。

请注意图中画线的部分，其明确地表明：

- 请求的网址为 http://127.0.0.1:5000/register。
- 采用的请求方式是 POST。

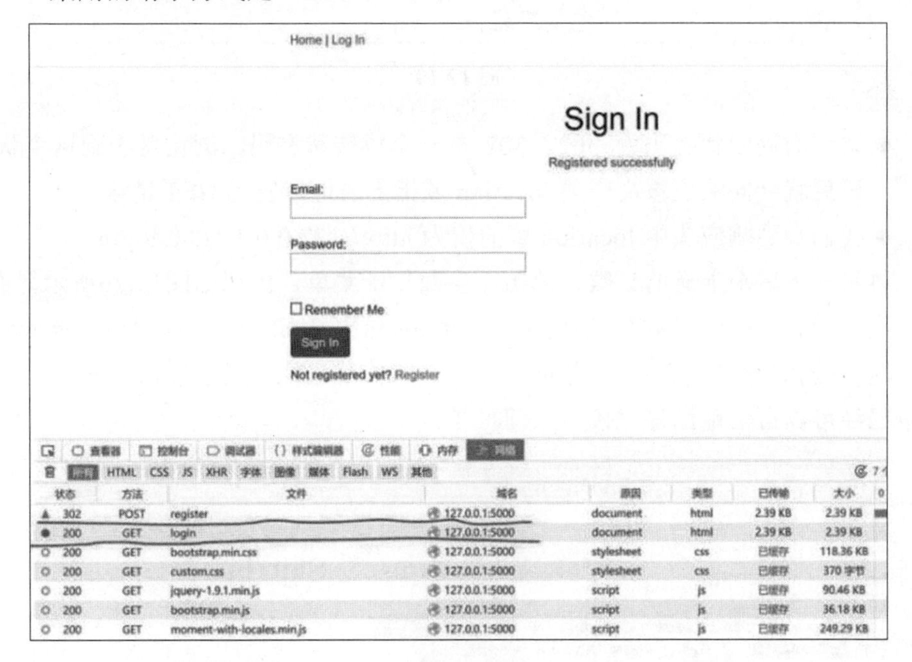

图 12.18

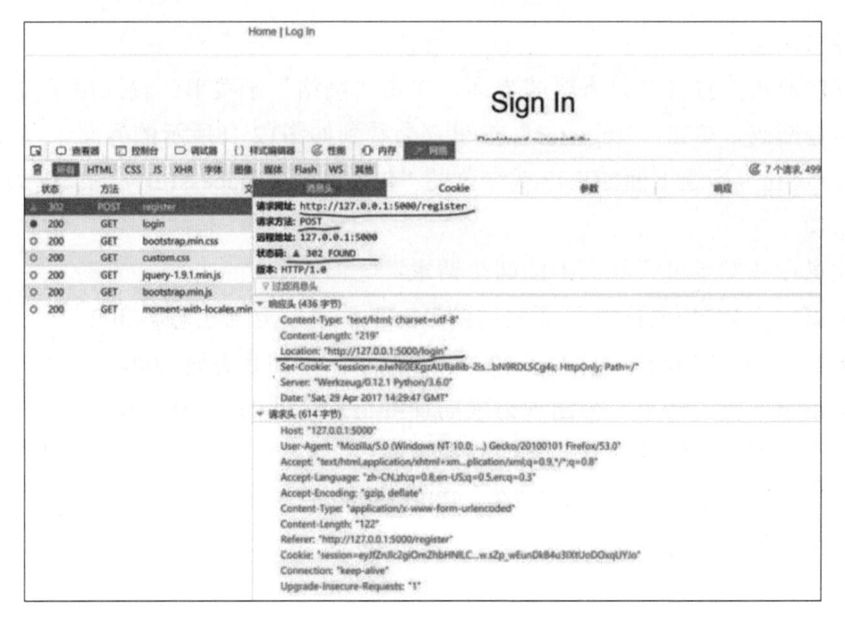

图 12.19

- 请求的返回状态码为 302。302 是一个跳转状态码，浏览器收到这个状态码后就会向响应报文中的 location 域指定的地址发起 GET 请求。
- 我们看到响应头中 location 域的值为 http://127.0.0.1:5000/login。

再看一下请求上送的参数，单击“参数”子菜单，出现如图12.20所示界面。我们看到上送的参数有4项内容：csrf_token、email、password和cpassword。

这就是我们探测到的上送数据。至此，我们就已经完成了接口的探索，相信你也已经可以自信地回答“接口八问”了。

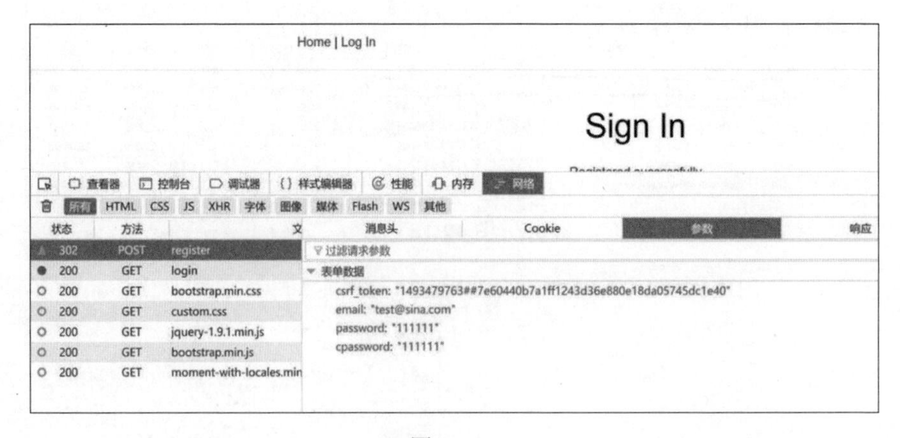

图 12.20

小练习

请根据以上探测的结果，回答针对“用户注册”接口的“接口八问”。

csrf_token 的由来

CSRF（Cross-site request forgery）也被称为“one-click attack”，意为跨站请伪造，是一种对网站的恶意利用。

CSRF攻击可以简单地理解为，攻击者利用服务网站设计上的漏洞，伪造用户的请求，冒充用户在网站上发起操作。也就是说，攻击者盗用了合法用户的身份，以合法用户的名义在存在漏洞的服务网站上发起看似正常的操作。比如，攻击者可以用合法用户的身份发送邮件，在论坛发帖，发表评论，修改密码进而盗取用户的账号，甚至购买商品、发起转账等。

csrf_token就是为避免这种攻击进行的一种设计。具体来说，服务网站在客户端请求表单填写页面的时候，为每一个不同的表单分配一个伪随机值，不同的表单包含不同的伪随机值，只有伪随机值合法的表单才能被服务网站正确地处理。

我们通过“注册接口”的探索可以看到，发送http://127.0.0.1:5000/register的POST请求必须先得到上送参数csrf_token的值，而csrf_token的来自http://127.0.0.1:5000/register请求返回的HTML中，具体可以参考12.3节。

输出文本

接口测试返回HTML页面的时候，需要对页面中的内容进行检查，以便确定是否得到了预期的返回页面。最常见的检查方法就是判断HTML页面中是否包含了特定的文本。

定位Tag后，有两种方式可以得到Tag的文本：string方式和get_text()方式。

string 方式

如果定位到的Tag对象只有一个节点，或者只有一个子节点，可以通过.string的方式输出文本的内容。

我们还是用12.3节中的HTML作为例子，你可以到本书资源包中下载“12.4”文件夹中获取testfile.html文件。

尝试编写程序testFile.py。该程序文件需要与testfile.html文件在同一个目录下。

```
from bs4 import BeautifulSoup
```

```
soup = BeautifulSoup(open("testfile.html","r",encoding="utf-8"
),"html.parser")
print(soup.find("a",id="link1").string)
```

运行程序，得到以下输出。

```
链接一
```

通过open()方法打开testfile.html文件，并且将文件句柄对象作为参数传递给BeautifulSoup()方法，采用html.parser作为HTML的解释器。通过定位的Tag对象的string属性获得对象的文本内容。

get_text()方式

如果Tag对象有多个包含文本内容的子对象，string属性会返回None。

比如，我们将testFile.py文件的最后一行进行以下的修改，并运行以下程序。

```
print(soup.find("body").string)
```

该程序会打印None。因为"body"标签下有多个链接子节点存在，每个子节点都有文本内容，程序无法找到唯一的文本内容，所以报错了。此时，如果希望获取所有子节点的文本内容，应该使用get_text()方法。

将testFile.py源文件的进行以下的修改。

```
print(soup.find("body").get_text())
```

运行代码后，会得到以下的输出。

```
正文
链接一
链接二
链接三
```

当然，即使上面Tag对象只有一个节点，也可以使用get_text()方法。

assertRegex()方法

assertRegex()方法是用于检查案例是否通过的方法，是由TestCase类提供的。

我们下面介绍该方法的定义。

```
assertRegex(text, regex, msg=None)
```

- text 参数：用于设置被检查的字符串，通常是从测试结果中提取出来的字符串。
- regex 参数：用于设置匹配模式，可以是普通字符串，也可以是正则表达式。
- msg 参数：可选参数，用于设置备注信息。

需要提醒的是，如果regex参数是普通的字符串，那么在text中的任何位置包含regex参数定义的字符串，该校验都会通过。这表明assertRegex()方法不要求必须从text参数的最开始位置进行匹配。

下面的案例是通过校检的。

```
import unittest
class TestRegex(unittest.TestCase):
  def testShouldPassGivenMatchInMiddle(self):
    self.assertRegex("haohaoxuexitiantianxiangshang","xuexi","
应该通过")
```

regex参数可以包含任何正则表达式内容。关于正则表达式的学习，这里就不再赘述了。

挑战问题

编写一个Python的unittest程序TestCustomBlogRegister.py，测试以下场景。

邮箱合法，密码两次一样，预期结果为注册成功，如图12.21所示。

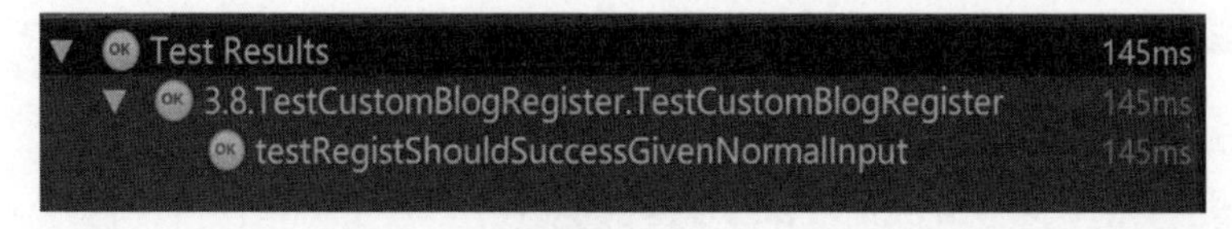

图 12.21

注意，运行TestCustomBlogRegister.py程序的时候，要保证custom-blog网站在本机是处于启动状态的。

在注册成功的情况下，探索返回的HTML报文中是否包含Registered

successfully字符串，并以此作为判断测试案例通过的验证条件之一。

建议使用Beautiful Soup库进行字符串的定位，使用assertRegex()方法作为判断条件。

注意：请在10分钟内闭卷完成本“挑战问题”。如果第一次不能闭卷完成或者完成时间超时，请将编写的程序删除后重做一次。

难点提示

或许你编写的案例只有第一次是运行成功的，第二次运行的时候就会报错，修改一下注册邮箱又会成功一次。这个问题我们会在12.5节进行解决。

知识点

Beautiful Soup 库和 unittest

- Beautiful Soup 库定位和输出文本的两种方式，以及两种方式之间的区别。
- assertRegex()方法的学习。

拓展

想要判断注册是否成功，需要将返回的HTML报文定位，并提取文本字符串，然后，判断该文本字符串中是否包含“Registered successfully”字样。

在上面的练习中我们推荐采用assertRegex()方法进行判断。请思考一下，assertEqual()方法和assertTrue()方法是否都可以用于检查以上的字符串包含的逻辑判断？如何做到？

执行测试案例的时候是不是出现过以下的错误信息？想想如何解决。

```
Failure
Traceback (most recent call last):
  File "C:\MyWork\myBook\source\3.8\TestCustomBlogRegister.py",
line 11, in testRegistShouldSuccessGivenNormalInput
    self.assertRegex(returnStr,"Registered successfully")
```

```
AssertionError: Regex didn't match: 'Registered successfully' not found in 'Such user already is avalable '
```

12.5 重复执行注册失败了

学习目标

尝试使用Python接口的方式在custom-blog网站成功注册一个新用户。学习测试案例的场景准备和完成后的清理概念，初步了解Sqllite3数据库。

知识准备

关于 setUp()和 tearDown()

在12.4节案例的“难点提示”中提到，可能我们编写的很多案例只有第一次是运行成功的，第二次再运行就会报错，比如修改注册邮箱的功能只会成功一次。这主要是由于用户注册后，再一次注册时，系统会报告该用户已经注册，不允许进行重复注册，所以，案例就失败了。

我们在前面介绍过，setUp()方法主要负责测试案例执行前的测试准备工作，而tearDown()方法主要负责测试案例执行后的清理测试现场工作。

```
import unittest
class WidgetTestCase(unittest.TestCase):
  def setUp(self):
    self.widget = Widget('The widget')

  def tearDown(self):
    self.widget.dispose()

  def test_default_widget_size(self):
    self.assertEqual(self.widget.size(), (50,50),
            'incorrect default size')

  def test_widget_resize(self):
    self.widget.resize(100,150)
```

```
        self.assertEqual(self.widget.size(), (100,150),
                'wrong size after resize')
```

执行test_default_widget_size()和test_widget_resize()两个测试案例执行之前，unittest测试框架都会先调用setUp()方法，构建widget对象；同样，在测试案例执行之后，会调用tearDown()方法，对构建的widget对象进行销毁。

与setUp()和tearDown()对应的，在类的层级和模块的层级也有相应的测试准备和清理测试现场的方法，运行的机制也是类似的。

- 类的层级：setUpClass()和 tearDownClass()。
- 模块的层级：setUpModule()和 tearDownModule()。

初识 SQLite 数据库

前面练习中用到的定制博客网站结构非常简洁，基于Flask架构，采用了SQLite3数据库。

SQLite数据库是一个在全球范围内广泛采用的、开源的轻量级数据库。与其他数据库如MySQL、Oracle或者SQLServer不同，SQLite属轻量级，不需要一个持续运行的守护进程，而在需要的时候直接访问数据库存储文件。

在custom-blog工程文件夹中有一个app.db的文件，这个文件是“定制博客网站”的SQLite数据库存储文件。

SQLite数据库的安装非常简单，可以直接通过网站下载，不同的操作系统请下载相对应的文件。

- Windows 用户下载：以 sqlite-tools-win32-x86 开头的 zip 包。
- macOS 用户下载：以 sqlite-tools-osx-x86 开头的 zip 包。
- Linux 用户下载：以 sqlite-tools-linux-x86 开头的 zip 包。

所下载的压缩包中三个可执行文件分别是：sqldiff、sqlite3和sqlite3_analyzer。

双击sqlite3可执行文件，终端得到以下的输出。

```
SQLite version 3.18.0 2017-03-28 18:48:43
Enter ".help" for usage hints.
Connected to a transient in-memory database.
Use ".open FILENAME" to reopen on a persistent database.
sqlite>
```

这表示我们已经成功地将Sqlite3运行起来了。

```
sqlite> .open C:\MyWork\custom-blog\app.db
Error: unable to open database "C:MyWorkcustom-blogpp.db": unable
to open database file
sqlite> .open C:\\MyWork \\custom-blog\\app.db
sqlite>
```

使用“.open”命令打开custom-blog网站的Sqlite数据库存储文件(app.db)。

注意，在Windows的命令行界面下，需要用\\，而不能用\。

使用“.help”命令可以查看所有的命令提示，所有的SQL语句也都可以在这里运行。

下面我们简单地了解一下custom-blog网站数据库的结构。

```
sqlite> .tables
migrate_version post       user
```

通过“.tables”命令我们可以看到数据库中有三张表，分别是migrate_version表、post表和user表。

```
sqlite> .schema user
create  TABLE  user  (
    id INTEGER NOT NULL,
    email VARCHAR(100),
    password VARCHAR(100),
    nickname VARCHAR(100),
    role SMALLINT,
    about_me VARCHAR(140),
    last_seen DATETIME,
    PRIMARY KEY (id)
);
create  UNIQUE  INDEX  ix_user_email  on  user  (email);
create  UNIQUE  INDEX  ix_user_nickname  on  user  (nickname);
```

通过“.schema [表名]”命令，可以查看指定表的SQL定义。我们看到user表的主键是id，并且建有两个唯一索引：ix_user_email和ix_user_nickname，这意味着数据库要求user表中的email和nickname必须是唯一的。

```
sqlite> select email,password from user;
    a_kui@163.com|pbkdf2:sha256:50000$dbW8j7hy$f78f7750a07edde0b99
506b031463e6444a304ab60ad5e91dc99b58b4decd0d8
    test@163.com|pbkdf2:sha256:50000$LuA8t5fJ$ddd5d7573bc0fa4b5b6f
53a7450298be71246aa866d93f88fa9d72d8d6dbc0f2
sqlite>
```

select、insert、update和delete等数据操作语句都是可以使用的。

特别提醒，如果从命令行直接运行Sqlite3指令，可以将数据库存储文件的路径名作为命令行参数。

```
sqlite3 app.db
```

这样就可以直接打开数据库文件进行相关的后续操作了。

文件操作

说到Python文件操作不能不提os库。

os库提供了一种可移植的方法，实现依赖于操作系统的相关功能。要想读取或者写入一个文件，请使用open()方法；要想操作路径（paths），请使用os.path模块；要想在命令行下读取所有文件的所有行的内容，请使用fileinput模块；要想创建临时文件或者目录，请使用tempfile模块；要想进行高层次的文件和目录操作，请使用shutil模块。

我们已经学习过文件的创建、打开、读写，但是，如何删除一个文件呢？这就要用到os库的remove()方法。

```
os.remove(path, *, dir_fd=None)
```

该方法会删除path路径名指定的文件。如果path指向了一个目录，会产生OSError的异常。删除目录应该使用rmdir()方法。remove()方法的path参数是支持通过相对路径的方式指定文件名的。

如果我们要复制和归档一个文件或者目录应该怎么做呢？

复制文件的一般方法是：打开一个文件，将其写到另外一个新建的文件中。如果是目录树就需要遍历。

“简单胜于复杂”是Python之禅的第三句。我们使用Python的时候，如果感觉想法和设计过于复杂，就需要自己反思一下，或者查一下资料，思考是不是有更加简洁的做法。

shutil库中提供了针对文件和目录树的复制、删除、归档的简便方法，我们重点学习文件的复制。

```
shutil.copy(src, dst, *, follow_symlinks=True)
```

shutil.copy()方法将src参数指定的文件复制到dst参数指定文件路径或者目录中。src和dst都是字符串类型的路径文件名，如果dst参数指向的是一个目录，文件名会保持不变，src参数路径的文件会被复制到dst参数对应的目录中。这个方法的返回值是新创建文件的路径名。

挑战问题

编写一个Python的unittest程序TestCustomBlogRegister.py，测试以下场景。

- 场景一：邮箱合法，密码两次一样，预期结果为注册成功。
- 场景二：邮箱合法，密码两次不同，预期结果为注册失败。
- 场景三：邮箱合法，密码两次一样，但是，该邮箱已经注册过，预期结果为注册失败。

如图 12.22 所示。

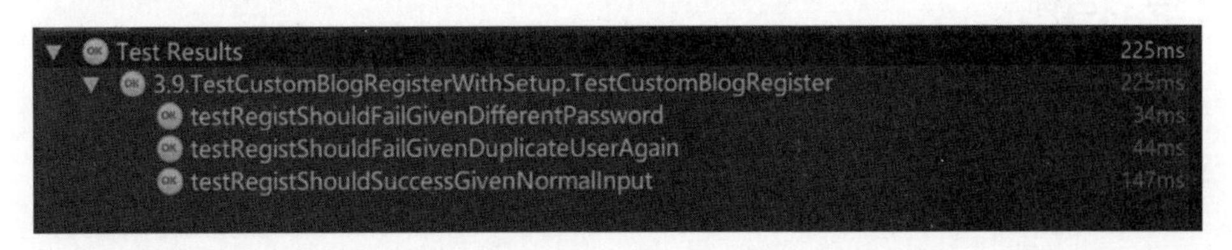

图 12.22

需要编写setUp()方法和tearDown()方法，否则案例无法做到可重复执行。考虑直接对Sqlite3数据库文件进行备份和回滚的方式。

注意：请在 10 分钟内闭卷完成本“挑战问题”。如果第一次不能闭卷完成或者完成时间超时，请将编写的程序删除后重做一次。

难点提示

不同测试案例的运行顺序是以测试方法名的顺序排序的，排序的方法采用的是字符串内置顺序。

知识点

unittest 数据准备和数据销毁

setUp()方法和tearDown()方法的定义和作用

SQLite 数据库

SQL语句中的增、删、改、查四个命令，建议你熟练掌握。这四个命令对于在测试过程中查看数据的变化、验证测试效果很有帮助。

拓展

尝试一下是否可以针对登录写出三个案例。

12.6 命令行集成与HTML报告

学习目标

学习从命令行运行测试案例集，并生成HTML报告。

知识准备

关于测试案例集

到现在为止，关于Python的unittest我们已经学习了测试案例unittest.TestCase的编写，setUp()方法和tearDown()方法的定义，以及使用unittest.main()启动测试案例。

本节我们将学习测试案例的组织。所谓测试案例的组织，最主要的是对测试案例进行分组和分类，让测试案例按照要求分组、分类执行，而不用每一次全部执行所有的测试案例。为了对测试案例进行组织，我们需要用到TestSuite和

TestLoader两个类。

TestSuite 类

TestSuite类，即测试套件类，代表一组由多个独立的测试案例或者测试套件的集合。测试套件类提供了测试运行器，用于运行测试案例所需要的接口，这样TestSuite类就可以和其他测试案例一样被测试运行器加载运行了。运行一个测试套件的实例，和通过迭代器一个一个的运行测试套件里面的每一个单独的测试案例的效果是一样的。

如果要使用一些测试案例来初始化一个测试的套件对象，就必须给定一个包含多个单独的测试案例的迭代器或者另一个测试套件。测试套件类提供了向其集合中增加测试案例或者其他测试套件的方法。

测试套件对象的行为在很大程度上和测试案例对象是一样。测试套件是用来对测试案例进行分组执行的，有一些附加的方法可以用于向测试套件实例增加测试案例。

总体来说，TestSuite类是一个用于组织多个测试案例或者测试套件（TestSuite）的类，该类的大部分方法和TestCase一样。特别要提到的是，该类有几个专门用于向TestSuite对象自身添加测试案例的方法。

addTest(test)

功能：增加测试案例或者测试案例集到当前的测试套件（TestSuite）对象中。

addTests(tests)

功能：将包含了多个测试案例的迭代器或者测试套件实例中的案例，增加到当前的测试套件（TestSuite）对象中。

除了上面两个增加测试案例的方法，TestSuite类和TestCase类一样，也有一个run()方法，不同的是，测试套件类的run()方法需要将测试结果对象（TestResult）作为参数传入，而TestCase.run()方法会返回一个测试结果对象。

让我们看一个来自Python Doc的例子。

```
def suite():
  suite = unittest.TestSuite()
  suite.addTest(WidgetTestCase('test_default_size'))
```

```
    suite.addTest(WidgetTestCase('test_resize'))
    return suite
```

上面的例子中，通过TestSuite类的addTest（）方法，分别将两个测试案例添加到测试套件对象中。

TestLoader 类

测试案例集中还有一个很有用的类叫作TestLoader，如果感兴趣可以自行学习。

关于 HTML 测试报告

我们在运行测试案例时看到最多的是如图12.23这样的输出结果。

```
menglijundeMBP:12.6 menglijun$ python -m unittest -v TestComputer.py
test_should_good_for_bignegativenum_morethan10000000000 (TestComputer.TestComputer) ... ok
test_should_good_for_bignum_morethan_10000000000 (TestComputer.TestComputer) ... ok
test_should_good_for_negative_number (TestComputer.TestComputer) ... ok

----------------------------------------------------------------------
Ran 3 tests in 0.000s

OK
menglijundeMBP:12.6 menglijun$
```

图 12.23

上面运行了两次TestComputer.py文件中的测试案例。

- 第一次是用默认参数运行得到的输出情况，其中的三个点代表三个执行通过的测试案例。
- 第二次是用增加-v 参数运行得到更为详细的输出，会打印输出每一个测试案例的名字和通过情况。

以上两种输出都是纯文本的，可视化效果并不好。那么，如何将测试的结果以更加可视化的形式输出呢？

要回答这个问题，我们需要先了解一下unittest运行测试案例和输出案例运行结果的处理机制。相信大家对以下两行代码并不陌生。

```
if __name__=='__main__':
```

```
    unittest.main()
```

unittest.main()方法可以有很多的参数。

```
    unittest.main(module='__main__', defaultTest=None, argv=None,
testRunner=None, testLoader=unittest.defaultTestLoader, exit=True,
verbosity=1, failfast=None, catchbreak=None, buffer=None,
warnings=None)
```

这里介绍其中常用的几个。

- testRunner参数

testRunner参数是一个测试运行器类或者一个已经创建的迭代运行器的实例。在默认情况下，main()方法会调用sys.exit()，并通过退出码（exit code）来表示测试运行成功还是失败。如果不给testRunner参数赋值，则默认用TextTestRunner作为运行器，执行测试案例。

- testLoader参数

testLoader参数必须是一个测试加载器类的实例，也就是说，必须是一个对象，不能是类，默认赋值为defaultTestLoader。TestLoader类返回一个测试案例类的所有测试案例方法的名字，并打印出来。

- verbosity参数

可以通过给verbosity参数赋值，在运行测试的时候显示更多、更详细的信息。默认值为1；如果需要显示案例方法名和案例的运行情况，可以对其赋值为2。

注意：testRunner 参数既可以接收一个测试运行器类，也可以接收一个对象作为值传入。如果向 main()方法传递了测试运行器的对象，而不是类，那么 verbosity 参数是不起作用的。

运行测试案例的时候使用最多的是TextTestRunner类，该类是unittest.main()方法的默认测试案例运行器，上面纯文本的测试信息输出，就来自TextTestRunner类。

此外，还有HTMLTestRunner类。这个类的作用是运行指定的测试案例，并产生可视化的HTML测试报告。这个类最初由Wai Yip Tung创建，但长时间没有更新，并且是基于Python 2.7版本开发的。后来，由另一名贡献者Rahul Yadav对其进行了针对Python 3.0版本的迁移，但这个版本目前仍然有一些瑕疵，使用并不方便，所以我们复制了Rahul Yadav的版本，并进行了修改，下载地址详见本书资源包中的HTMLRunner文件夹。

对于Windows用户，首先确保Python 3.6以上的版本已经安装，双击runcmd.bat文件，会出现命令行窗口。

在命令行窗口输入以下语句。

```
python TestComputer.py
```

你会看到HTML结果被打印到了终端上。

使用重定向功能将打印到终端上的HTML内容转存到result.html文件中。

```
python TestComputer.py > result.html
```

运行结束后，会生成result.html文件。双击这个文件，就可以通过浏览器打开该文件。

直接运行TestComputerSuite.py。

```
python TestComputerSuite.py
```

我们会看到生成来了一个HTML报告computerTest.html。

请自行阅读TestComputerSuite.py的源代码，体会测试案例套件的使用和测试运行器类的使用，以及测试案例代码与测试套件代码分离的代码组织方式。

挑战问题

编写一个Python的unittest程序，其中TestCustomBlog.py文件用于存放测试案例类，类名为TestCustomBlog，里面包含6个以上的测试案例，并且保证测试案例可以多次运行；TestCustomBlogSuite.py用于存放测试套件类。

这些案例中至少有三个测试注册接口，三个测试登录接口。

场景如下：

- 注册场景一：邮箱合法，密码两次一样，预期结果为注册成功。
- 注册场景二：邮箱合法，密码两次不同，预期结果为注册失败。
- 注册场景三：邮箱合法，密码两次一样，但是，该邮箱已经注册过，预期结果为注册失败。
- 登录场景一：邮箱合法，密码正确，预期结果为登录成功。
- 登录场景二：邮箱合法，密码不正确，预期结果为登录失败。

● 登录场景三：邮箱不合法，密码不正确，预期结果为登录失败。

将以上测试分成注册系列和登录系列两组测试案例，从命令行分别运行两个系列的测试案例，运行结束会生成一个HTML的测试报告，如图12.24所示。

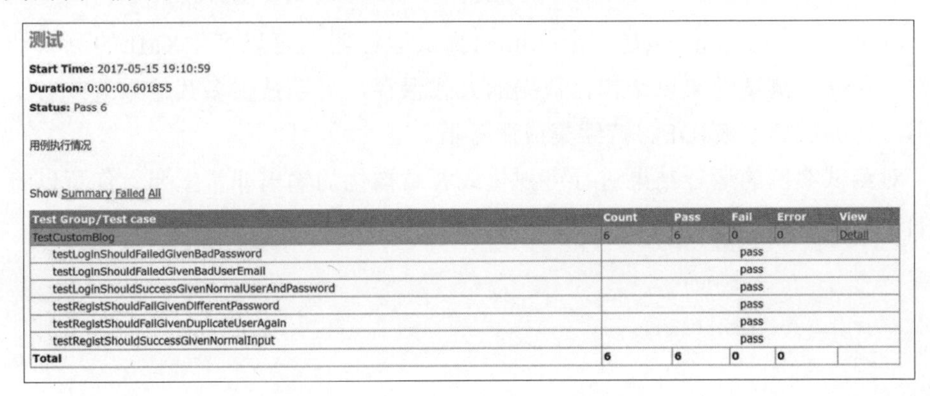

测试

Start Time: 2017-05-15 19:10:59

Duration: 0:00:00.601855

Status: Pass 6

用例执行情况

Show Summary Failed All

Test Group/Test case	Count	Pass	Fail	Error	View
TestCustomBlog	6	6	0	0	Detail
testLoginShouldFailedGivenBadPassword			pass		
testLoginShouldFailedGivenBadUserEmail			pass		
testLoginShouldSuccessGivenNormalUserAndPassword			pass		
testRegistShouldFailGivenDifferentPassword			pass		
testRegistShouldFailGivenDuplicateUserAgain			pass		
testRegistShouldSuccessGivenNormalInput			pass		
Total	**6**	**6**	**0**	**0**	

图 12.24

要求HTML测试报告的Title为“测试”，descriptions参数为“用例执行情况”，要能够正常显示这两个参数的中文内容。

考虑使用TestLoader类，虽然本书没有对其进行详细的介绍，但是使用该类可以根据不同的名称加载不同的测试案例，这一点很便利。

注意：请在10分钟内闭卷完成本“挑战问题”。如果第一次不能闭卷完成或者完成时间超时，请将编写的程序删除后重做一次。

难点提示

如果找不到HTMLTestRunner模块或者相关类，需要复制HTMLTestRunner.py到自己的测试案例源文件的相同目录中。

知识点

unittest 测试库

● unittest.main()方法的使用。

● unittest.TestSuite 类的使用。

● unittest.TestLoader 类的使用。

● unittest.TextTestRunner 类和 unittest.HTMLTestRunner 类的使用。

拓展

unittest-xml-reporting是一个unittest测试运行器，可以产生XML的测试结果文件。这样，测试结果以结构化数据的方式保存，可以被很多其他系统或者工具使用，比如构建系统IDE、持续集成服务器。

对测试案例的运行结果进行可视化或者结构化的输出非常重要。你可以将本节的“挑战问题”改写一下，作为拓展练习。

第六部分　实践 UI 测试

第十三章 UI测试初探

13.1 搭建你自己的Web服务器

学习目标

使用Flask搭建Web服务器。
使用HTML、CSS实现登录页面。

知识准备

本节是UI自动化测试技术的准备部分，我们需要深入了解HTML的DOM结构。

HTML 语言

HTML中文名称为超文本标记语言，是一种用于创建网页的标准标记语言。HTML运行在浏览器上，由浏览器来解析和执行。

打开Pycharm新建一个名为firstPage的HTML File文件，如图13.1所示。

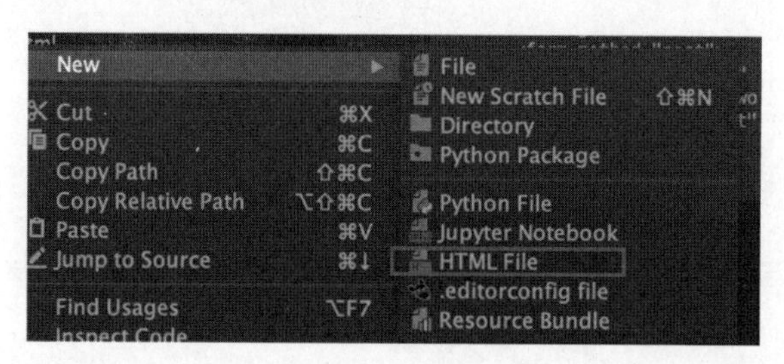

图 13.1

在该文件中写入以下代码。

```
<!DOCTYPE html>
<html>
<head>
```

```
    <meta charset="UTF-8">
    <title>firstPage</title>
  </head>
  <body>
    <h1>HTML 的第一个标题</h1>
    <p>HTML 的第一个段落。</p>
  </body>
  </html>
```

然后单击这个文件，选择在浏览器中打开（建议选择Chrome浏览器打开），如图13.2所示。

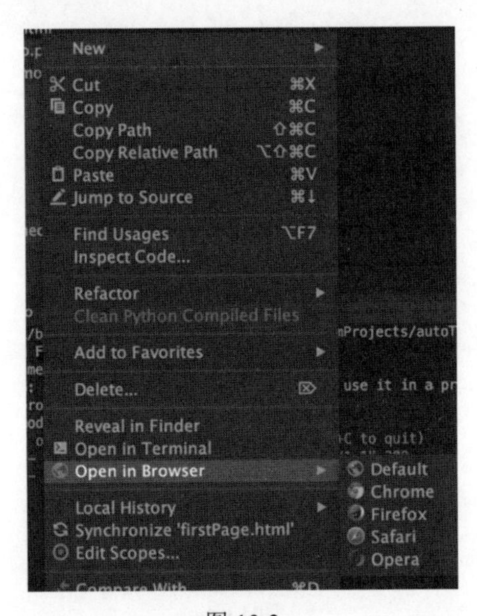

图 13.2

运行结果如图 13.3 所示。

图 13.3

Flask 服务器

Flask是一个Python实现的Web开发微框架。我们可以用简易的方式进行安装。

```
sudo pip3 install Flask
```

也可使用Pycharm的Project Interpreter进行安装，如图13.4所示。

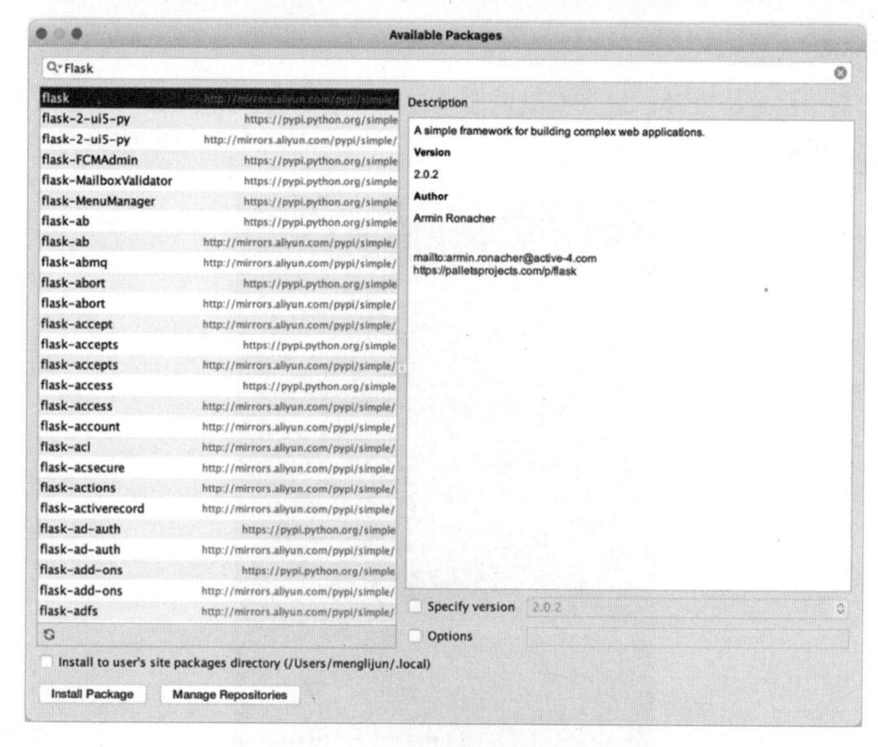

图 13.4

安装成功后，我们创建一个基于Flask最简单的应用。新建flaskDemo.py文件，执行以下代码。

```
from flask import Flask
app = Flask(__name__)
@app.route('/')
def hello_world():
  return "Hello World!"
```

```
if __name__ == '__main__':
  app.run()
```

控制台打印效果如图13.5所示。

```
* Serving Flask app "flaskDemo" (lazy loading)
* Environment: production
  WARNING: This is a development server. Do not use it in a production deployment.
  Use a production WSGI server instead.
* Debug mode: off
* Running on http://127.0.0.1:5000/ (Press CTRL+C to quit)
```

图 13.5

现在使用浏览器访问http://127.0.0.1:5000/，你会看见Hello World的问候，如图13.6所示。

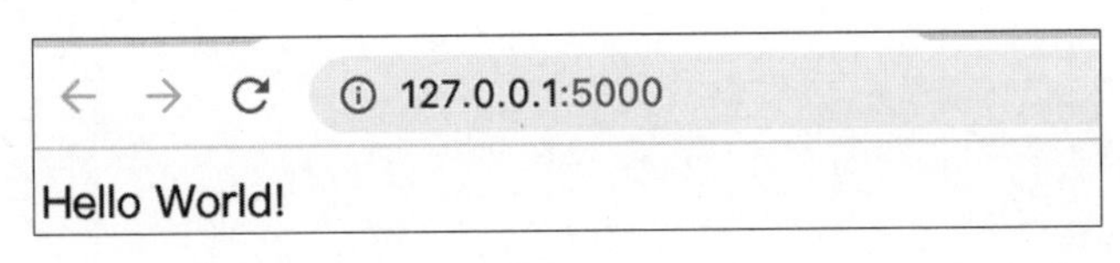

图 13.6

至此，我们成功创建了一个Flask实例。第一个参数是应用模块或者包的名称，如果使用单一的模块（如本例），应该使用 __name__ 变量。模块的名称会因其是作为单独应用启动还是作为模块导入而有所不同，这样，Flask才知道到儿哪去找模板、静态文件等。

route() 装饰器告诉Flask什么样的URL能触发hello_world()函数。

hello_world()函数在生成URL时被特定的函数调用，打印“Hello World!”。最后我们用run()函数来让应用运行在本地服务器上。其中if __name__ == '__main__'语句用于确保服务器只有在被Python解释器直接执行的时候才会运行，而不在作为模块导入的时候运行。

挑战问题

使用Flask框架编写一个登录页面，登录页面包括两个输入框和一个按钮，如图13.7所示。

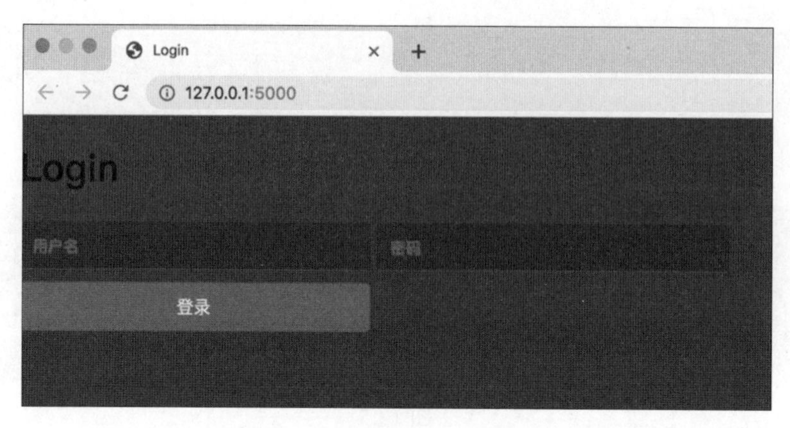

图 13.7

输入正确的用户名test，密码a11111，页面显示登录成功；否则显示用户名、密码错误。

难点提示

HTML input 标签

<input> 标签是用户可以在其中输入数据的输入字段。输入字段可通过多种方式改变，取决于type属性。

常用的type属性如表13.1所示。

表 13.1

type 属性	用　途
checkbox	复选框
radio	单选框
text	输入框
submit	form提交按钮
file	上传文件

模板

在Python中生成HTML并不容易，实际上是相当烦琐的，因为你需要进行

HTML转义，以确保应用程序的安全。

如果你能够保持应用程序与网页的布局在逻辑上是分开的，是不是显得更加容易组织？来试试模板吧。

新建index.html文件，放在工程的templates文件夹中。注意，该文件必须放在templates文件夹中，否则Python的Flask模块无法识别。要使用模板，必须从Flask框架中导入一个名为render_template的新函数。此函数需要传入模板名以及一些模板变量列表，返回一个所有变量被替换的渲染模板。

```
from flask import render_template


@app.route("/login",methods=['GET'])
def login():
  return render_template('./login.html')
```

知识点

本节使用Flask框架搭建了简单登录页面，学习了以下内容。

- flask 框架的基本方法、结构。
- render_template()函数的使用。
- HTML 标签、DOM 结构。

13.2 从页面定位说起

13.1节介绍了使用Flask框架编写登录页面，在页面里我们用到了输入框、按钮，实际的页面不止如此，还会用到文本链接、图片链接、下拉框等，UI自动化做的就是模拟鼠标和键盘来操作这些元素，比如单击、输入或鼠标悬停。

操作这些元素的前提是需要找到它们，自动化工具无法像测试人员一样可以通过眼睛来分辨页面上的元素。那么如何找到它们呢？本节将揭开这些元素的真实面目。

本节将使用13.1节搭建的Web服务器的登录页面作为UI测试的环境。在开展UI测试前，你必须了解页面的DOM结构。在开始本节学习前，请确保服务器已经搭建完毕并且登录页面可以正常渲染。

学习目标

Selenium和WebDriver的安装和使用。

使用id、name属性完成元素定位。

知识准备

Selenium 和 WebDriver

Selenium是一个开源的自动化测试套件，适用于跨不同浏览器和平台的Web应用程序，主要用于自动化Web应用程序的测试。Selenium得到了所有主流浏览器供应商的支持。

Selenium主要包括四个部分：

- Selenium 集成开发环境（IDE）
- Selenium 遥控器（RC）
- WebDriver
- Selenium Grid

WebDriver属于Seleniun体系中用于实现Web自动化的第三方库，它包括一套操作浏览器的API。一些基本的操作如下：

- 打开浏览器。
- 访问某个网址。
- 网页的前进与后退。
- 操作页面中的元素，包括输入框、下拉框、按钮等。
- 跳转 URL。
- 关闭浏览器。

Selenium 驱动的安装

第一步，使用pip3安装Selenium（也可以使用Pycharm的Project Interpreter安装）。这里推荐Selenium3的稳定版本。

```
sudo pip3 install selenium
```

第二步，下载浏览器Selenium驱动（这里以Chrome浏览器为例），查看Chrome的版本，如图13.8所示，图中的Chrome浏览器版本为90.0.4430.93。

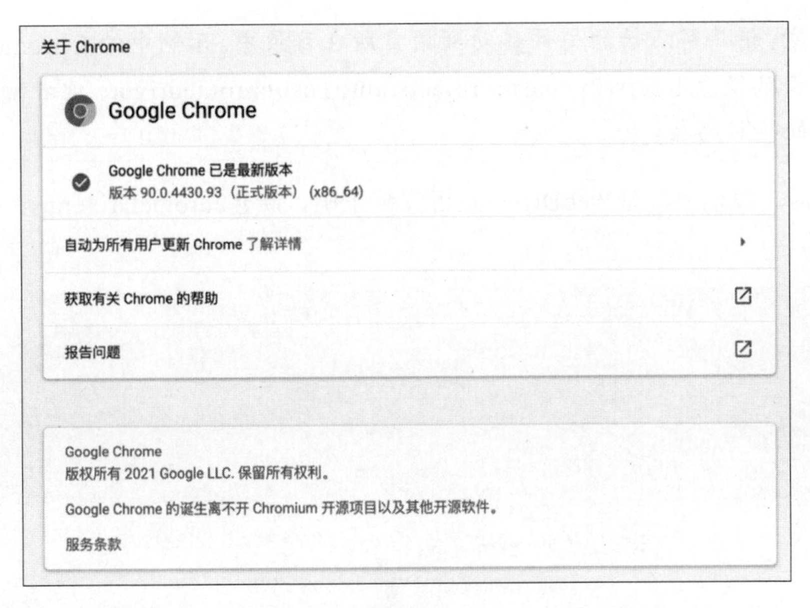

图 13.8

第三步，根据浏览器的版本，下载同版本的ChromDriver，如图13.9所示。可以通过https://npm.taobao.org/mirrors/chromedriver这个URL地址下载。

Mirror index of
http://chromedriver.storage.googleapis.com/90.0.4430.24/

chromedriver_mac64 (1).zip

../		
chromedriver_linux64.zip	2021-03-15T16:49:46.070Z	5795569(5.53MB)
chromedriver_mac64.zip	2021-03-15T16:49:48.062Z	8050248(7.68MB)
chromedriver_mac64_m1.zip	2021-03-15T16:49:50.044Z	7354324(7.01MB)
chromedriver_win32.zip	2021-03-15T16:49:51.938Z	5943128(5.67MB)
notes.txt	2021-03-15T16:49:56.910Z	621(621B)

Copyright © cnpm | Home

图 13.9

注意：ChromeDriver 的版本一定要与下载浏览器的版本对应。

第四步，安装Selenium驱动，将上一步下载的zip文件解压缩，放到对应的文件夹中。

注意：请将解压后的文件移动到项目所在目录中。示例中的ChromeDriver文件存放路径为/Users/PycharmProjects/autoTest/chromedriver，读者需要替换为自己的项目路径。

最后，我们要验证WebDriver是否安装正确，新建chromeDriver.py，执行以下代码。

```
from selenium import webdriver
import time
import os
time.sleep(2)
chromedriver = '/Users/PycharmProjects/autoTest/chromedriver'
os.environ["webdriver.chrome.driver"] = chromedriver
driver = webdriver.Chrome(chromedriver)
driver.get("https://www.baidu.com/")
```

若Chrome浏览器自动打开了百度页面"https://www.baidu.com/"，如图13.10所示，说明WebDriver已经正确安装。

图 13.10

unknown error: Chrome failed to start: crashed 解决方法

Windows环境下，你可能最近卸载并重新安装过Chrome浏览器。虽然浏览器版本和ChromeDriver版本契合，但是运行WebDriver.Chrome()时，仍然出现以下的错误：unknown error: Chrome failed to start: crashed 。这是由于缓存没有清除干净，可以使用以下的解决方法。

备份好你的浏览器的书签和收藏夹，删除路径C:\Users(自己的用户名)\AppData\Local\Google\Chrome\，重新执行程序即可。

查看页面元素

使用Chrome浏览器打开13.1节完成的登录页面，单击鼠标右键选择“检查”选项，如图13.11所示，就可以看到整个页面的HTML的DOM结构了。

图 13.11

单击图13.12中右侧控制台左上角的箭头图标，将鼠标移动到用户名输入框上，就可以定位到该输入框对应的HTML代码了。我们可以看到输入框的属性，如id、name、class，这些属性被称为定位符。

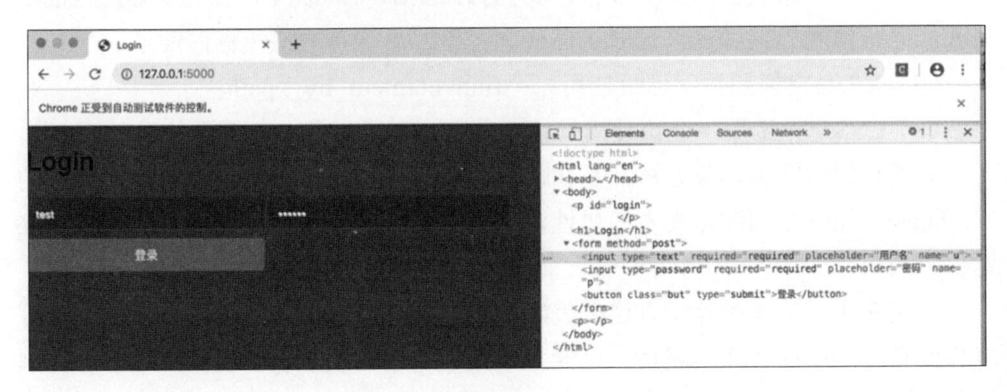

图 13.12

元素定位

上面我们学习了如何查看页面元素，认识了定位符，接下来我们将使用这些定位符进行元素定位。

WebDriver为我们提供了八种元素定位的方法，常用的是根据id、name和class和link定位。

（1）id定位函数：find_element_by_id()。

id属性一般是一个页面中的唯一标识符，强烈推荐使用id定位符来进行元素定位。观察图13.12中用户名输入框的属性中，存在id="userName"属性，WebDriver就可以使用find_element_by_id("userName")语句定位到这个用户名输入框。

（2）name定位函数：find_element_by_name()。

再次观察图13.12中用户名输入框的属性中，存在name="u"属性，WebDriver就可以使用find_element_by_name("u")语句定位到这个用户名输入框。

（3）class定位函数：find_element_by_class_name()。

再次观察图13.12中用户名输入框的属性中，存在class="userNameClass"属性，WebDriver就可以使用find_element_by_class_name("userNameClass")语句定位到这个用户名输入框。

（4）tag定位函数（不常用）：find_element_by_tag_name()。

（5）link定位函数：find_element_by_link_text()。

此方法是专门用来定位文本链接的，比如百度首页右上角有“新闻”“hao123”“地图”链接。

（6）partial_link定位函数：find_element_by_partial_link_text()。

有时候一个超链接的文本很长，我们如果全部输入，既麻烦又显得代码很不美观，这时候我们就可以只截取一部分字符串，用这种方法模糊匹配了。

（7）XPath定位函数（谨慎使用）：find_element_by_xpath()。

（8）CSS定位函数（谨慎使用）：find_element_by_css_selector()。

前面介绍的几种定位方法都是在理想状态下，如果每个元素都有一个唯一的id、name、class或超链接文本的属性，那么我们就可以通过这个唯一的属性值来定位它们。

但是在实际工作中并没有这么美好。在大部分情况下，我们要定位的元素可能并没有id、name、class属性，可能多个元素的这些属性值都相同，还有可能刷新页面后这些属性值都会变化。这个时候我们就只能通过XPath或者CSS来定位了。注意：使用XPath或者CSS进行元素定位是极其不稳定的，极易造成案例执行失败，建议通过id、name等唯一确定的元素进行定位。

用 By 定位元素

前面介绍了8种定位方法，WebDriver还提供了另外一套写法，即使用find_element()方法，通过By关键字来声明定位的方法，并传入相关参数。

```
find_element(By.ID,"name")==>find_element_by_id("name")
find_element(By.NAME,"u")==>find_element_by_name("u")
find_element(By.CLASS_NAME,"class")
==>find_element_by_class_name("class")
find_element(By.TAG_NAME,"input")
==>find_element_by_tag_name("input")
find_element(By.LINK_TEXT,"link")
==> find_element_by_link_text("link")
find_element(By.PARTIAL_TEXT,”XX”)
==>find_element_by_partial_link_text()
find_element(By.XPATH,"xpath")
==>find_element_by_xpath("xpath")
find_element(By.CSS_SELECTOR,"cssSelector")
==>find_element_by_css_selector("cssSelector")
```

挑战问题

使用pip3安装selenium库，并使用WebDriver打开13.1节完成的登录页面。

使用id、name、class、XPath等方式定位用户名和密码两个输入框以及提交按钮。

难点提示

注意体会使用CSS、XPath定位的不确定性，必要时请修改登录页面的HTML代码，增加id、name元素，提升定位的准确性。

知识点

Selenium和WebDriver的关系。

WebDriver的八种元素定位方式。

13.3 控制你的浏览器

WebDriver主要提供操作页面上各种元素的方法，同时也提供一系列操作浏览器的方法，例如控制浏览器窗口大小、操作浏览器前进和后退等。

学习目标

使用WebDriver控制浏览器窗口大小。

使用WebDriver控制浏览器后退、前进、刷新。

知识准备

控制浏览器窗口大小

有时候我们希望能以某种浏览器尺寸打开浏览器，让访问的页面在该尺寸下运行。例如我们可以将浏览器设置成移动端大小，可以使用WebDriver提供的set_window_size()方法来设置浏览器窗口的大小。

新建changeWindowSize.py，执行以下代码。

```
from selenium import webdriver
import os
chromedriver = '/Users/PycharmProjects/autoTest/chromedriver'
os.environ["webdriver.chrome.driver"] = chromedriver
driver = webdriver.Chrome(chromedriver)
driver.get("http://127.0.0.1:5000/")
driver.set_window_size(480,800)
```

运行后，你的浏览器只打开了宽480px、高800px的窗口区域。控制浏览器窗口大小主要用于兼容性测试，比如测试同一个URL地址的Web端和移动端页面的功能。

控制浏览器后退、前进、刷新

WebDriver还提供一系列函数控制浏览器后退、前进、刷新、关闭。

后退：driver.back()。

前进：driver.forward()。

刷新：driver.refresh()。

关闭：driver.quit()。

挑战问题

按顺序编写代码实现以下功能。

（1）全屏打开浏览器；

（2）打开百度首页“https://www.baidu.com”。

（3）2s后跳转到百度新闻首页http://news.baidu.com。

（4）2s后浏览器后退，返回百度首页。

（5）2s后浏览器前进，跳转到百度新闻首页。

（6）2s后浏览器刷新。

难点提示

全屏打开浏览器，我们可以使用以下的语句。

```
driver.manage().window().maximize();
```

2s的等待可使用强制等待方法sleep()。

sleep()函数：强制等待，设置固定休眠时间。该方法需要引入time模块。

知识点

WebDriver设置浏览器的大小函数。

WebDriver控制浏览器后退、前进、刷新相关函数。

13.4 元素操作

13.3节我们学习了使用WebDriver打开浏览器，并运用find_element()等函数进行元素定位。定位只是第一步，定位之后还要对元素进行操作，比如单击按钮或输入文本框，本节我们学习这些内容。

学习目标

学习使用WebDriver的clear()和send_keys(*value)方法控制文本框。
学习使用WebDriver的click()方法单击按钮。

知识准备

文本操作

clear()方法用于清除文本输入框中的内容。例如，输入框内一般有“用户名”或“密码”等提示信息，用于引导用户输入正确的数据。如果直接向输入框中输入数据，就会与输入框中的信息拼接，导致输入的数据与预期不符。

send_keys(*value)方法用于模拟键盘向文本输入框中输入内容。

让我们使用13.1节搭建的登录页面，新建inputTextTest.py文件，执行以下代码。

```
from selenium import webdriver
import os
chromedriver = '/Users/PycharmProjects/autoTest/chromedriver'
os.environ["webdriver.chrome.driver"] = chromedriver
driver = webdriver.Chrome(chromedriver)
driver.get("http://127.0.0.1:5000/")
driver.find_element_by_name("u").clear()
driver.find_element_by_name("u").send_keys("username")
```

注意：driver.find_element_by_name("u")语句中的"u"为输入框的定位符。

这样我们就完成了模拟手工输入的操作，成功地在用户名输入框中键入了"username"字符。

按钮单击

click()方法用于模拟手工单击元素，它不仅可以单击按钮，也可以单击任意的元素，比如下拉框、文字链接、复选框、单选框。

在上面的inputTextTest.py文件中结尾加入以下代码并执行。

```
driver.find_element_by_id("btn").click()
```

注意：“driver.find_element_by_id("btn")”语句中的"btn"为按钮的 id定位符。

这样我们就完成了模拟手工单击按钮的操作了。

挑战问题

使用13.1节搭建的登录页面，测试以下的内容。

如果输入的用户名为test，且密码为a11111，则页面显示登录成功，否则页面提示用户名、密码错误。

难点提示

如果本章第一节编写的页面缺少id定位符，会导致测试不稳定或者测试案例复杂，强烈建议为每个需要交互的HTML元素添加定位符。

知识点

HTML元素的定位符。

Selenium WebDriver用于输入框相关函数。

Selenium WebDriver用于单击的相关函数。

13.5 断言

13.4节我们使用WebDriver模拟了手工操作输入框、单击按钮等操作。自动化测试也是测试的一种，也需要有断言。本节将重点讨论断言。

学习目标

深入学习断言的使用。

了解Selenium哪些可以成为验证信息。

知识准备

断言 assertion

断言用于验证应用程序的状态是否与期望的一致。

常见的断言包括：验证页面内容，如页面标题是否为“登录title”，当前页面URL是否为http://127.0.0.1:5000/，复选框是否被选中。

Selenium提供了三种断言的模式：Assert、Verify、Waitfor。

- Assert失败时，该测试将终止。
- Verify失败时，该测试将继续执行，并将错误记入日志。
- Waitfor用于等待某些条件变为真，可用于某些异步场景的测试。

Assert断言需要引入unittest库，我们重新复习表13.1所示的这些断言函数。

表 13.1

方 法	等价于	描 述
assertEqual(a, b)	a == b	是否相等
assertNotEqual(a, b)	a != b	是否不相等
assertTrue(x)	bool(x) is True	是否为真
assertFalse(x)	bool(x) is False	是否为假
assertIs(a, b)	a is b	是否相同
assertIsNot(a, b)	a is not b	是否不同
assertIsNone(x)	x is None	是否是 None
assertIsNotNone(x)	x is not None	是否不是 None
assertIn(a, b)	a in b	a 是否在 b 里
assertNotIn(a, b)	a not in b	a 是否不在 b 里
assertIsInstance(a, b)	isinstance(a, b)	a 是否是类型 b
assertNotIsInstance(a, b)	not isinstance(a, b)	a 是否不是类型 b

下面我们以检查指定元素的文本为例，介绍断言的使用。

新建testCount.py文件，执行以下代码。

```
#coding=utf-8
from selenium import webdriver
```

```
import unittest
import os
chromedriver = '/Users/PycharmProjects/autoTest/chromedriver'
os.environ["webdriver.chrome.driver"] = chromedriver
class TestCount (unittest.TestCase):
    def setUp(self):
        self.driver = webdriver.Chrome(chromedriver)
        self.driver.implicitly_wait(10)
        self.driver.maximize_window()
        self.driver.get('http://127.0.0.1:5000/')
        print("test start")
    def tearDown(self):
        print("test end")
    def test_assert(self):

self.driver.find_element_by_name("u").send_keys("selenium")
        username =
self.driver.find_element_by_name("u").get_attribute('value')
        self.assertEqual(username, "selenium")
if __name__ == '__main__':
    suite = unittest.TestSuite()
    suite.addTest (TestCount ('test_assert'))
    runner = unittest.TextTestRunner()
    runner.run(suite)
```

setUp()函数用于案例执行前的一系列准备操作，tearDown()函数用于案例执行后的一系列清理和恢复操作，test_assert()函数用于案例执行流程和断言。

Selenium 验证信息的形式

Selenium验证信息主要包括以下三种形式：

（1）验证页面标题title：driver.title。

（2）验证当前页面URL：driver.url。

（3）验证元素的属性：

driver.find_element_by_name().text，

driver.find_element_by_name().get_attribute('value')。

挑战问题

使用本节讲解的断言方式，复测13.4节的挑战问题。

如果输入的用户名为“test”，且密码为“a11111”，则页面显示登录成功，否则显示用户名、密码错误。

知识点

Python的断言方式。

Selenium验证信息形式。

13.6 等待

做UI自动化测试的时候，最不稳定的就是等待页面了。由于各种原因，如网速慢、服务器响应慢，页面的元素没有加载出来。我们如果这时候去操作页面的元素，Selenium就会抛出一个名为NoSuchElementException的异常。

怎么办呢？我们可以等待页面加载出来或者等待一段时间再去操作，这样就可以大大降低了异常的出现。

学习目标

等待的三种方式。

Python等待的语法和使用场景。

知识准备

等待的三种方式

等待分为三种方式，分别是强制等待、隐式等待、显式等待。

（1）sleep强制等待，不管元素有没有加载出来，都必须等到时间才会往下去执行。

（2）隐式等待，不针对某一个元素进行等待，而是针对全局元素等待。隐式等待会等待整个页面加载完成，也就是说的直到浏览器窗口标签栏中不再出现转动的小圆圈，才会执行下一步，下面举个隐式等待的例子。

新建wait.py文件，执行以下代码。

```
from selenium import webdriver
import os
import time
chromedriver = '/Users/PycharmProjects/autoTest/chromedriver'
os.environ["webdriver.chrome.driver"] = chromedriver
driver = webdriver.Chrome(chromedriver)
driver.get("http://127.0.0.1:5000/")
time.sleep(2)
driver.implicitly_wait(10)
```

time.sleep()方法是强制等待，程序会等到设置的时间才继续执行。

implicity_wait()方法默认参数的单位为秒，上面代码中设置等待时长为10秒，这里有几点说明：首先，10秒并非一个固定的等待时间，它并不影响脚本的执行速度。其次，该等待并不针对页面上的某一元素进行等待。

（3）显式等待WebDriverWait()，结合该类的until()和until_not()方法，即可根据判断条件灵活配置等待时间。其工作流程为：程序每隔一段时间就检查一次结束等待的条件是否成立，如果条件成立了，则执行下一步；否则继续等待，直到超过设置的最长时间，然后抛出异常TimeoutException。

在上面的wait.py文件末尾加入下面的代码，重新运行，看看打印的element是什么内容。

```
element=WebDriverWait(driver,5,0.5).until(ec.presence_of_element_located((By.ID,"btn")))
print(element)
```

这种等待方式一共等待 5 秒，每 0.5秒找一次，找到元素就停止等待，并返回该元素，如图13.13所示。

```
/usr/local/bin/python3.9 /Users/menglijun/Desktop/书/python-and-http-interface-test-master/13.6/wait.py
<selenium.webdriver.remote.webelement.WebElement (session="c37fd892820c034bd5b7fbeb68e2929d", element="ecc4a28c-44b5-4afc-a1a0-1b0eb1d1ccf5")>

Process finished with exit code 0
```

图 13.13

如果将上面的定位符的ID换成"btn1",WebDriverWait等待超过5秒后会抛出异常，如图13.14所示。

```
/usr/local/bin/python3.9 /Users/menglijun/Desktop/书/python-and-http-interface-test-master/13.6/wait.py
Traceback (most recent call last):
  File "/Users/menglijun/Desktop/书/python-and-http-interface-test-master/13.6/wait.py", line 15, in <module>
    element=WebDriverWait(driver,5,0.5).until(ec.presence_of_element_located((By.ID,"btn1")))
  File "/Library/Frameworks/Python.framework/Versions/3.9/lib/python3.9/site-packages/selenium/webdriver/support/wait.py", line 80, in until
    raise TimeoutException(message, screen, stacktrace)
selenium.common.exceptions.TimeoutException: Message:


Process finished with exit code 1
```

图 13.14

这里ec.presence_of_element_located(locator)方法是等待locator元素是否出现。使用该参数必须引入expected_conditions库。

```
from selenium.webdriver.support import expected_conditions as ec
```

该库还包括一系列函数可供使用：

ec.title_is(title)：判断页面标题等于title。

ec.title_contains(title)：判断页面标题包含title。

ec.presence_of_element_located(locator)：等待locator元素是否出现。

ec.presence_of_all_elements_located(locator)：等待所有locator元素是否出现。

ec.visibility_of_element_located(locator)：等待locator元素可见。

ec.invisibility_of_element_located(locator)：等待locator元素隐藏。

ec.visibility_of(element)：等待element元素可见。

ec.text_to_be_present_in_element(locator,text)：等待locator的元素中包含text文本。

ec.text_to_be_present_in_element_value(locator,value)：等待locator元素的value属性为value。

ec.frame_to_be_available_and_switch_to_it(locator)：等待frame可切入。

ec.element_to_be_clickable(locator)：等待locator元素可单击。

挑战问题

打开百度新闻首页“https://news.baidu.com”，用3种不同的方式等待页面加载完成后，在搜索框输入“python”并单击“百度一下”按钮，如图13.15所示。

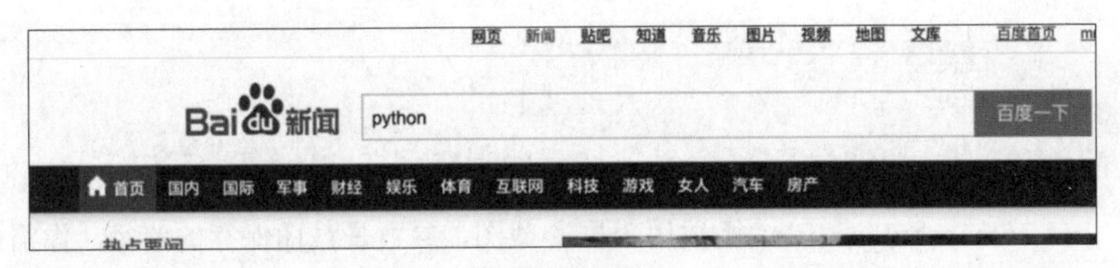

图 13.15

知识点

三种等待方式的函数及使用场景如下。

- 显式等待WebDriverWait()：可根据判断条件进行灵活地等待。
- 隐式等待implicity_wait()：不针对某一个元素进行等待，是针对全局元素等待，隐式等待会等待整个页面加载完成。
- 强制等待time.sleep()是强制等待：必须等到时间到达才会执行。

13.7 窗口截图

学习目标

学习WebDriver窗口截图的方法。

知识准备

窗口截图方法

执行自动化UI测试的时候打印的错误信息并不是十分明确。WebDriver提供了截图保存的功能，当脚本执行出错的时候，我们可以对当前窗口进行截图，这样方便后期定位错误。

新建capture.py文件，执行以下代码。

```
from selenium import webdriver
import time
import os
time.sleep(2)
chromedriver = '/Users/PycharmProjects/autoTest/chromedriver'
os.environ["webdriver.chrome.driver"] = chromedriver
```

```
driver = webdriver.Chrome(chromedriver)
driver.get('http://127.0.0.1:5000/')
driver.get_screenshot_as_file("/Users/Pictures/test.png")
```

get_screenshot_as_file()函数用于屏幕截图，参数是截图保存的路径。你需要将上面代码中文件路径"/Users/Pictures/test.png"替换为自己本地的文件路径。

以下两点需要特别注意：

（1）保存的路径为绝对路径。

（2）保存的截图要为png格式。

挑战问题

完善13.4节挑战问题的代码，在重要步骤的前后增加截图步骤。

难点提示

如果截图保存的路径存在，新的截图将会覆盖旧的截图，请设计一种方式，让新产生截图不被覆盖。

知识点

get_screenshot_as_file()函数的使用及使用场景。

13.8 使用JavaScript来操作页面

很多时候，页面会存在不少复杂的操作，比如操作滚动条。当页面上的元素超过一屏后，想操作屏幕下方的元素，是不能直接定位到该元素的，系统会报“元素不可见”的错误。这时候需要借助滚动条来拖动屏幕，使被操作的元素显示在当前的屏幕上，Selenium也没有提供直接的方法去控制滚动条。这时候怎么办呢？

学习目标

学习WebDriver执行JavaScript的方法。

知识准备

WebDriver 执行 JavaScript 的方法

Selenium提供了driver.execute_script()方法，可以在本页面执行JavaScript的方法。

新建jsDemo.py文件，执行以下代码。

```
from selenium import webdriver
import os
chromedriver = '/Users/PycharmProjects/autoTest/chromedriver'
os.environ["webdriver.chrome.driver"] = chromedriver
driver = webdriver.Chrome(chromedriver)
driver.get('https://www.baidu.com')
driver.execute_script("alert('I love python')")
```

看看页面显示了什么内容，如图13.16所示。

图 13.16

上面代码最后一行的语句driver.execute_script("alert('I love python')")中的execute_script()方法调用了JavaScript的alert()方法，该方法可以在浏览器屏幕中打印文字。

上面提到的滚动条操作其实也可以用JavaScript实现，我们可以使用scrollIntoView插件实现，该插件是一个与页面(容器)滚动相关的API，大家可以找一个有滚动条的网页尝试。

挑战问题

使用execute_script()语句完成13.4节的挑战问题。注意execute_script()适用于页面操作，不建议用于页面断言，建议与Selenium的其他函数配合使用。

难点提示

每个载入浏览器的HTML文档都会成为Document对象。我们可以通过该对象中对HTML页面中的所有元素进行访问。

比如我们想修改id为"username"输入框的内容，就可以使用以下语句。

```
document.getElementById("username").value="test"
```

上面这句话的意思是将id为"username"的元素的value值改为字符串"test"。

最后给大家提供一个JavaScript的调试方法，以Chrome浏览器为例，输入测试页面URL后，使用10.3节扩展部分的方法打开开发者模式界面后，选择“Console”子菜单，出现如图13.17所示的界面。在界面的下方的控制台中，输入要测试的JavaScript语句后，点击回车键就可以执行了。该方式还提供输入提示和联想功能，非常好用，赶快试一试吧。

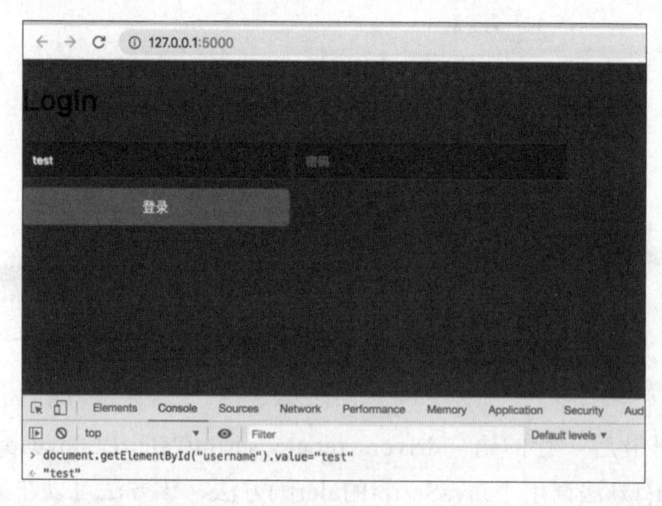

图 13.17

知识点

execute_script()函数的使用及使用场景。

附录A 在线资源使用指南

本书为读者提供了大量学习Python和自动化测试的在线学习资源，包括在线视频课程、源代码、学习资源信息等，帮助读者达到更好的学习效果。

用微信扫描下方的“本书资源包”二维码，就可以下载本书资源包。

本书资源包

A.1 资源包介绍

本书提供的资源包主要包含三个部分：

第一部分为对应书中章节的部分源代码，如4.4文件夹中为本书4.4节“这是奇数还是偶数”的源代码。

第二部分为custom-blog-master源代码，该部分是定制博客的Web应用示例代码，基于Python3.6 + Flask微框架 + Sqlite 创建的。

第三部分为HTMLTestRunner类的源代码。

另外，资源包中还提供了部分可供读者扩展阅读的学习资源信息，以及本书主要参考资料信息。

A.2 custom-blog-master安装方法

本书第十二章需要读者使用定制博客网站进行接口探索，定制博客网站的源代码存储在custom-blog-master压缩包中，请读者按照如下步骤下载安装。

第一步，下载并解压custom-blog-master压缩包到用户指定目录，建议读者选择无空格、无中文的路径。

第二步，进入上一步的路径，安装需要的软件包，需要执行以下指令：

```
sudo pip3 install -r requirements.txt
```

第三步，执行以下指令，运行db_create.py脚本。读者请注意执行前请确保Sqlite数据库已经正确安装好。

```
python db_create.py
```

第四步，启动一个用于开发的Web服务器，执行如下指令：

```
run.py(debug=True)
```

A.3 在线视频课程说明

由本书作者阿奎老师录制的《跟阿奎学Python编程基础》视频课程，更加直观细致地讲解如何用Python编程，这些内容也与本书第四章到第六章的内容紧密相关，并对部分挑战问题如何解决给出了视频讲解。

视频课程目录和二维码，参见本书文前“《跟阿奎学Python编程基础》视频课程简介”页。

A.4 源代码使用注意事项

本书资源包中源代码均使用Python 3.6版本编译的，大部分语法不兼容Python2。

custom-blog-master代码运行时，需要确保Flask微框架、Sqlite数据库已经正确安装。

写在后面的话

这仅仅是一个开始

至此，关于Python编程基础和自动化测试的学习就告一段落了。相信通过这段时间的闯关式学习，你已经初步掌握了Python编程的基础技能，对HTTP、JSON和Selenium有了较深入的理解，并且已经掌握了用Python进行HTTP接口测试和UI测试的方法，可以用Python在自己的项目里进行一些HTTP接口的测试工作了。

但“这仅仅是一个开始”，后面自动化测试学习的路还很长。正如本书开头所说的，学习和掌握用Python进行自动化测试是从手工测试工程师到自动化测试工程师转型的切入点，也仅仅是切入点。在实际工作中开展自动化测试，应该站在更高的视角，从团队和企业的角度考虑问题，多考虑利用已有的工具和框架来辅助进行自动化测试工作，而不是执着于已经掌握的内容，一定要一切都用Python自行去实现。

正如在3.2节所讲，自动化测试领域有很多的内容需要学习，下面的表格中列举了当下比较流行的专用测试工具，你可以根据自己的工作场景和需要选择适用的工具进行学习。

领　域	主　题	备　注
专用测试的工具	Selenium、WebDriver	主要用于驱动浏览器界面进行基于 UI 的 Web 测试
	Firefox、Chrome	在开发者模式下，可以查看 Web 网络报文，进行 HTTP 接口探测
	RobotFramework	一款 Python 编写的功能自动化测试框架，采用关键字驱动的方式，使用自然语言来编写测试案例，支持多种类型的客户端和接口的测试。
	Cucumber	一款用 Ruby 编写的功能自动化测试框架，支持行为驱动开发（BDD），也是一个能够使用自然语言来编写测试案例的自动化测试工具，支持 Java 和.Net 等多种开发语言

（续表）

领　域	主　题	备　注
	Airtest	Airtest 是一个跨平台的、基于图像识别的 UI 自动化测试框架，适用于游戏和 App，支持平台有 Windows、Android 和 iOS
	Appium	一个开源、跨平台的自动化测试工具，用于测试原生和轻量移动应用，支持 iOS 和 Android 平台
	QTP	Quick Test Professional 的简称，是一种商用的自动测试工具。支持录制和回放的方式编写测试案例，但是，录制和回放的方式编写测试案例或许会导致案例代码的可维护性差，主要是用于回归测试和测试同一软件的新版本
	Postman	一个非常有力的 Http Client 工具，可以用来测试 Web 接口，也可以独立安装，也可以以 Chrome 插件的形式使用
	Watri	Web Application Testing In Ruby 的缩写，是一个面向功能的自动化测试框架，其原理与 Selenium+WebDriver 的方式类似，该框架用 Ruby 编写